闭上眼睛，你才会看见

Ceci 兹舞——著

资深心理咨询师
美国NGH认证催眠师
RYT认证瑜伽导师
MBSR正念冥想导师

電子工業出版社
Publishing House of Electronics Industry
北京 • BEIJING

图书在版编目（CIP）数据

闭上眼睛，你才会看见 /Ceci 兹舞著 .—北京：电子工业出版社，2023.6

ISBN 978-7-121-45702-9

Ⅰ. ①闭…　Ⅱ. ① C…　Ⅲ. ①压抑（心理学）—通俗读物
Ⅳ. ① B842.6-49

中国国家版本馆 CIP 数据核字（2023）第 098568 号

责任编辑：于　兰
印　　刷：三河市良远印务有限公司
装　　订：三河市良远印务有限公司
出版发行：电子工业出版社
　　　　　北京市海淀区万寿路 173 信箱　　邮编：100036
开　　本：880×1230　1/32　印张：10.125　字数：197 千字
版　　次：2023 年 6 月第 1 版
印　　次：2023 年 6 月第 1 次印刷
定　　价：78.00 元

凡所购买电子工业出版社图书有缺损问题，请向购买书店调换。若书店售缺，请与本社发行部联系，联系及邮购电话：（010）88254888，88258888。

质量投诉请发邮件至 zlts@phei.com.cn，盗版侵权举报请发邮件至 dbqq@phei.com.cn。

本书咨询联系方式：QQ1069038421，yul@phei.com.cn。

自序 PREFACE

开启你的第二人生

刘慧婉（化名），一个聪明、漂亮的女孩，本科毕业，在会展公司做市场部经理。慧婉虽然接受过良好的教育，拥有体面的工作，但在人际和情感关系中表现得非常敏感、恐惧，她自卑，不知道如何表达情绪，而且格外在意别人的目光。在关系中她常觉得自己是“受害者”，总会刻意讨好别人，无法信任别人。长久的压抑使她遭受了身体和心理的层层伤痛，她感受不到生命的力量……在一次冥想疗愈中，慧婉遇见了“天使姐姐”，并在她引导的心灵探索旅途中，看见了自己受伤的内在小孩。经过持续的疗愈，慧婉的内在小孩在爱中被滋养，重新找回了生命的力量，又“活”了过来……

人，终其一生，都在寻求爱与被爱。而究竟什么是爱？我们该怎样好好爱自己和爱别人？也许，这是我们一生都在做的功课。有的人在成长中不断走弯路，有的人身心遭受重创，误入情感的歧途，更有的人被所谓“命运”束缚。其实，这些都只因我们“受伤的童年”未被真正疗愈。

这就是我写这本书的初衷：每个人或多或少都带着来自原生家庭的“创伤”，幸运的人在成长中得到治愈，选择勇敢地去爱；不幸的人一辈子都在治愈童年。成年后，我们心里都住着一个内在小孩，在成长过程中，我们需要滋养和拥抱这个“多作怪”的小孩，由此学会爱自己和给予爱。

如果你二三十岁，大学毕业不久，刚步入社会，或在某个特殊的时间节点遭遇生活、工作、情感、人际关系的不顺心和“打击”，陷入自我批判，表现出诸多“不爱自己”的行为，更无法给予爱，那么你的内在小孩也会以特定的反应模式重复上演预设好的“闹剧”，阻碍你激发生命的潜能。

这是一本贴心的自我疗愈必备手册，它科学系统地运用心理学中内在小孩疗法，结合冥想练习，帮助你从现实的困境和迷茫中走出来，打开心结，增强自我觉察，提升心智，领悟爱的真谛并沐浴其中，过上自己内心真正渴望的生活。

如果命运给了你一手“烂牌”，本书开启的自我疗愈之旅就是你“换牌”的机会，让你在可以重新选择“你是谁”的第二人生中打出属于你的“王炸”。

目录 CONTENTS

第一部分 改变认知和清理负面能量

第二部分 重建安全感和价值信念

第三部分 跟自己和解和心想事成

附　赠　冥想练习语音引导

第一部分

改变认知和
清理负面能量

第01章

一见钟情：到底什么是爱？

清迈古城，一路的颠簸将慧婉不断撞向张洋宽广结实的后背，这让他们的身体紧贴在一起。她顺势用手臂挽住他腹肌清晰的身体前侧，刹那间，慧婉感觉自己紧张得心跳加速，脑子里一片混沌，脸滚烫得像一个火球，热度顺着她的臂弯一直延伸到手指，她下意识地将手臂缩了回来。

张洋留意到了慧婉的举动，侧过头看了一下，故作无事地继续骑着摩托车。

慧婉被自己刚才的举动吓坏了，头脑里突然冒出一堆声音："他比我小三岁。连闺蜜都说他'不务正业'，感情经验过于丰富……就凭这些，我都不该让自己爱上他。"

慧婉刚从公司辞职不久，她还记得当她拖着一拉杆箱的私人物品离开办公室时，周围的同事各忙各的，没有一个人表现出不舍，而她就像打了一场败仗的士兵逃跑似的钻进电梯，金茂大厦的电梯里空气憋闷得让她喘不过气来。告别了上海，走出一段撕心裂肺的关系，刚刚从一个乳房结节的手术中恢复，这些都让慧婉本能地觉得自己的身体像长了一层又一层厚厚的茧，隔开了和张洋的距离。

而在内心，她觉得张洋的存在美好得不真实，他是一个健硕好看的东北小伙儿，浑身上下充满了一个大男孩应该有的一切：干净、淳朴、热情，还会讲笑话。对她来说，张洋简直就是行走的“雄性荷尔蒙”，他和泰国清迈的自然气息极其匹配……对她充满了吸引力。

“世间哪有什么一见钟情？这是爱吗？”慧婉脑子里的声音还在继续。

路边泥土的芬芳甚是好闻，树影斑驳，她感觉身体像被吸向一块巨大的磁铁，完全失控了……

“已经到了。”张洋的话音惊醒了慧婉，她无意识地咽了下口水，停止了幻想。

“爱情真可怕！”慧婉心想。这种重新被星星之火点燃的感觉，突然让她觉得惊恐，呼吸变得急促。虽然远离了魔都上海和忙碌的人群，但习惯性的焦虑好像潮水一样总会在涨潮的时候准时上岸，将她吞噬，让她整个人觉得无处安放，甚至窒息……她顺势将手插入上衣口袋，碰触到了熟悉的菩提手串，“还好，它在，我就心安了。”

“我是来这里静心疗愈的，这显然不是追求浪漫的最佳时刻。”每当慧婉内心发生冲突，她的脑子里总有另外一个声音告诉她怎样做是最合时宜的。她一直深信这个声音，不过此刻，她的内心显然在和这个声音做斗争。

“谢谢你。”慧婉脸上的红晕还未散开，害羞地抿着嘴，非常努力、小心地隐藏着内心的冲突。可她仍怀着一丝侥幸期待着：“或许他会凑过来……可能他会先拉住我的手……”四周突然变得无比安静，安静得她都能够听到自己心跳的声音。“现在，就在他的摩托车旁……他可能会单手搂住我的腰，或许双臂抱过来。哦，他身上的气味好闻极了。哪怕这是个可怕的错误，哪怕会伤得我体无完肤……”

“我再打给你。”说完，张洋重新跨上摩托车。

“好啊……”慧婉的话音未赶上张洋飞驰而去的速度。

一个充满正气、热情却被动的男生就像一尊艺术品，标有高昂的价码，被众人欣赏、追捧，甚至想要拥有，但它始终不属于任何人。

慧婉和张洋是在同胞群组织的一次帝王餐（Khum Khantoke）聚会上相识的。当时泰北的民俗表演已经开始了，大家席地而坐，这个高大英俊、肤色像被阳光亲吻过的大男孩走进了她的视野，他的眼睛深邃得像一潭深不见底的黑棕色湖水，白色衬衣把他的脸衬托得格外有棱角……从此以后，他就再也走不出她的心了，他们一起去逛古城、拜寺庙。

“这些应该算是约会吧？我知道我不该这么快喜欢上一个人，一个比我小三岁的男人。”慧婉嘀咕着，“这不会是爱吧？”她试图否定自己的揣测。

慧婉孤单地推开了闺蜜家的门。两周前，她拖着重重的行李刚在清迈落脚。从温州来的闺蜜程锦一家四口，在这里购置了别墅。在租到合适的房子之前，慧婉暂住在闺蜜家的客卧。虽然闺蜜说她可以一直住到把自己嫁出去，但慧婉心里还是在盘算着以后的计划。

泰国的天气燥热，水土不服让她无法安稳入睡。洗澡褪去内衣的时候，看着镜子里自己的身体，慧婉顿时觉得有点嫌弃，她心疼地摸了摸这块三厘米长的疤痕，“谁会爱上它呢？我根本就不是完整的……”想到这里，慧婉莫名地开始抽泣，她不记得这是她一个人哭泣的第几个晚上，她就像被抛弃的婴儿一样，整个人蜷缩成一团，呼吸越来越急促，心慌的感受让她眩晕。

她迅速抓起洗衣篓旁上衣兜里的菩提手串，这是天使姐姐送给她的临别礼物。她心里念着熟悉的冥想词“聆听自己的呼吸……”可呼吸像是周末市集上杂乱无章的摆设，又短又浅，连带着整个上半身的不适感与肌肉的酸痛感。“我意识到了我的**呼吸**，我意识到了我现在正在调整呼吸。”慧婉深深地用鼻子吸气，1，2，3，4，再缓慢地用鼻子呼气，1，2，3，4，5，6，“我只关注呼吸，关注让呼吸慢下来，再慢一点……”慧婉感觉自己的心又回到了原位，身体随着呼吸像一朵花的花瓣缓缓绽开一样，完全没有任何讳忌地自然开放，慧婉敏感地发现自己刚才僵持的每一块肌肉都随着缓慢的呼吸开始放松了下来。

“我真的做到了。”她想把这个好消息马上告诉天使姐姐。

虽然呼吸是我们平时最习以为常的动作，但它也是我们身体器官功能中最关键的组成部分，所有器官功能都要依靠呼吸来运作。呼吸模式不仅会影响五脏六腑，还会影响我们的健康状况和心理情绪。比如，当我们生病的时候，我们会格外留意到呼吸的变化，医生在对病情进行诊断的时候也会注意到这一点。另外，当出现愤怒、恐惧、紧张、焦虑等负面情绪的时候，我们的呼吸也会变得短促；而当内心恢复平静时，呼吸就会随之变深、变缓。

我们的神经系统也会受到不正确呼吸的影响，威廉·沃克·阿特金森在《呼吸的科学》里说："脑、脊髓、神经中枢及至神经本身，在代谢、存储并传输神经流时，会由于血液供养不足而发生功能减弱。倘若通过肺部吸收的氧气不充足，会对血液及至各个器官造成营养不良的后果。神经流产生的地方，或者说使神经流涌动的力量，也会因缺乏正确呼吸而减弱。"

人在吸气的时候是交感神经在作用，吐气的时候是副交感神经在作用。深长且缓慢地吸气，帮助我们有效地稳定交感神经，维持身体机能的平衡，摆脱亢奋和紧张的状态。

因为当交感神经紧张时，血液会聚集到肌肉里，导致内脏相对缺血，造成身体脏器循环的失衡。因此，深层且均匀地吸气，可以使人体内部的各个脏器和细胞均衡供血。

正确的鼻呼吸习惯可以帮助我们延长寿命，远离病痛。同时，深层地吐气，有助于副交感神经发挥作用，正向影响大脑运作，维持我们的情绪稳定，降低压力，并改善睡眠质量。呼吸时，如果吐气时间比吸气时间长，且呼吸缓慢而均匀，比如文中提及的吸气4秒、呼气6秒的鼻吸鼻呼的练习方法，就能活化我们的副交感神经，从而改善自律神经失调导致的种种问题。

但是，“究竟什么是爱？”这是离开上海的时候天使姐姐让慧婉想清楚的一个问题。

“我爱我的身体，可是我居然做了这么多伤害自己身体的事情，想必这个疤痕就是身体给我的报复。”慧婉依稀记得她走进手术室的一幕……

第02章

乳房里的痛：原生家庭的伤

秋天阴瑟瑟的下午，慧婉办理好各种手续被领进病房。她原本觉得这是个小手术，所以没当回事，可是住进病房后和病友的交谈让她怯懦了。

“你也要切乳房吗？”一个准备出院的大姐同情地问。慧婉整个人先是愣住了，然后脱口而出：“不，不，切结节。”那位大姐告诉慧婉，她的两个乳房都被切了，而且是全麻。

一听全麻，慧婉吓得出了一身冷汗，她漂亮的脸蛋立刻变得暗淡无光。因为在她上大学的时候，妈妈做过卵巢囊肿手术，当时也是全麻。手术后妈妈迟迟不醒，她和老姨一起叫了妈妈好久，当时她都吓哭了，那时留下的心理阴影蔓延至她的全身。乳房里的痛就像点在洁白画布上的浓墨，浸透了画布，并一点一点渗出，这痛感让她的四肢无处安放。慧婉不禁打了个寒战。

手术前，医生做了例行询问，护士帮慧婉抽血、消毒、备皮，然后推慧婉去手术室，这一路漫长得好像没有终点。慧婉躺在手术室里，虽然身上裹着反穿的衣服和遮布，但她还是能感受到秋天的凉气一股一股地灌进来，冰冷沁骨，甚至自己的手指头都没了知觉。当医生让她脱掉上衣时，鸡皮疙瘩顿时像无数个细小的冰雹砸在手臂、肩膀、胸膛和乳房上……

“叫什么名字？”医生看出慧婉很紧张，于是和她闲聊。

“刘慧婉。”在她说出自己名字的那一刻，她觉得自己变成了一粒尘埃，被凛冽的寒风吹得不知去向的一粒小得不能再小的尘埃。

“马上打麻药了。”医生告诉她。慧婉突然觉得自己死了也挺好的，她被这一刹那浮现的念头吓了一跳。接下来发生了什么她不太记得了，只模糊地记得皮肤被割开、被拉扯的感觉……

“三年了，你从来都没有爱过我，都是在逢场作戏！”慧婉痛不欲生，感觉自己的胸口像被什么堵住了，她用尽全身力气终于说出了她想说的。陈默的嘴唇微微地抽动，仿佛要回复什么，但始终没有开口。她的眼睛被泪水完全糊住了，只听见自己的抽泣声。

刘慧婉，单身，31岁，会展公司市场部经理。

陈默，43岁，离异，会展公司老板，刘慧婉的直接上司。

这是一段无始无终的感情。刘慧婉，本科毕业，聪明，业务能力强，有点小才华，但好像从来没有被真正重视过。她有种让人怜惜的美，她帮陈默打点半壁江山，把公司管理得有声有色，这或许是她仅有的小成就。而陈默却一直欠慧婉一个爱情的承诺，也许这样隐秘、混沌的感情本就不该有什么承诺。慧婉很熟悉这种被孤立、不被爱的感受，无数次她深陷其中，甚至都有点习惯了，但在内心她却极度渴求被呵护。

慧婉小时候曾亲眼看见妈妈拉着一个陌生男人的手离开，她当时感觉全身像被火烧一样灼热。她将这个秘密深藏心底，也眼睁睁地看着这个秘密将她幼小心灵中的家摧毁得面目全非。

父母经常打架。她还模糊地记得最后一次全家人在一起的时候，父母撕心裂肺的叫骂声和散落满地的玻璃碎片，以及妈妈的哀号、眼泪和血的腥味，还有她那架被砸坏的电子琴。那时慧婉只有7岁，她一个人躲在阳台的角落里不停颤抖，她只想逃离，想要从空气中蒸发。

从童年一直到今天，她的朋友都少得可怜，她试图讨好每一个人，可身边人都觉得她身上有戾气。她刻意保持着和其他人的距离，不让别人走进自己的内心，也不允许自己走出去。她比同龄人懂事早，同龄的男孩让她觉得幼稚，没有安全感。

陈默是唯一一个让她感觉到温暖的男人，她生病了他会在夜里给她端热水，还会亲手擦她的呕吐物……像父亲一样，她觉得自己遇到了世界上最好的男人，只是这个男人不常在身边，这个男人的好也是另外一个女人“调教”的，沾染了另外一个女人的味道，确切地说，这个女人是陈默的前任妻子。

和一个大自己12岁，又是自己的顶头上司，还刚离婚的男人在一起，本不是一件光彩的事情，但她顾不了那么多，她一直觉得两个人在一起就必须互相折磨、忍受煎熬，那才是真正的爱。

慧婉的身体麻木地摊开着，没有任何拘束，任由医生和护士“摆布”，她感觉到前所未有的自由。模糊中，慧婉的眼角沁出一滴凉凉的、咸咸的泪。上一次这样还是在半年前，慧婉在休年假时参加了一个冥想进修营。她以前总觉得那些练习瑜伽和冥想的人好像在搞什么神秘主义，闭上眼睛盘坐，像“大仙儿”一样。她没觉得这对她能有什么大的帮助，她只是想远离都市去静一静。

代课老师是一位身心灵疗愈师，她时常微笑，声音有一种无法描绘的亲切感和磁性，好像能直达人心。她走路很轻盈，整个人充满能量。最重要的是，慧婉感觉到这种能量可以带给她一些生命的动能，可以保护她，给她安全感。虽然慧婉还搞不懂自己为什么会有这样的感觉，但她觉得这位穿着白衣的姐姐像极了天使。

这种毫不犹豫的信任感，让她在加入进修营第三天休息的时候就打开了话匣子。慧婉说起了自己的各种不开心，感情不顺，对事业迷茫，身边总有“小人”作恶，困惑未来应该怎样走，甚至怀疑人生……十足像一个缺爱的孩子。也许这些话她在心里憋得太久了。

天使姐姐只是微笑地听着，开口问：“每个人都需要爱，那么什么是爱呢？”

“男女之情。”慧婉想都没想就脱口而出。

“狭义上，可以这么理解。还有呢？”

“家人的爱，朋友的爱。”答案不是明摆着吗，慧婉心想，眼前这位慈眉善目的姐姐想要听到什么答案呢？“有爱不就会有痛吗？”慧婉觉得自己的回答既简洁又有哲学意味。

天使姐姐亲切地问：“那你的痛苦，是什么时候来到你的生活中的呢？”

“如果我不来这家公司应聘，我就不会遇到陈默……身边的这些人太无知、太偏激了……我妈跟我从来不会好好说话……根本没人理解我，让我痛苦的地方太多了……”慧婉无法把它们按照顺序讲出来。

天使姐姐问：“你刚刚出生的时候无忧无虑。再仔细想想，你的痛苦是什么时候来到你的生活中的？”

“你太不懂事了……怎么这么不听话！看看人家孩子……你怎么这么笨，西瓜都抱不住！”妈妈的声音在慧婉的耳畔响起。妈妈从幼儿园接慧婉回家，慧婉坐在自行车后座，抱着一个比自己头还大的西瓜，慧婉知道妈妈喜欢吃西瓜，她也愿意帮助妈妈拿，可不知道为什么西瓜从自己的手里滑出去摔烂了，她本来觉得很愧疚，很难过，但这些情绪被妈妈“毫无缘由的训斥”赶走了。

这让慧婉知道了什么叫害怕，她怕自己做不好事情，怕自己没别人好，怕自己得不到认可，慧婉的生活被恐惧填满。

“难道我的痛苦来源于我的父母？”说完，她若有所思……

第03章

冥想初体验：缺爱者自救

“每个人童年都会有或多或少的**创伤**。受伤的**内在小孩**，会在我们长大成人之后依然深深地影响着我们的生活、情感、事业、财富的每个层面，重复创伤的模式。”天使姐姐解释的同时眼里充满了慈悲和善意。

“内在小孩？”慧婉没能完全明白，但猜想说的应该是她小时候。

如何识别内在小孩童年的创伤？

首先我们要探寻自我原生家庭的模式，分析它对我们成长环境的影响，从关系模式去识别内在小孩童年的创伤，并由此深度认知自我。妮可·勒佩拉在《自愈力》中对内在小孩和内在小孩创伤的定义是这样的：内在小孩（inner child）是心灵的潜意识部分，是我们未被满足的需求，是被压抑的童年情绪、创造力、直觉以及玩乐能力的载体；内在小孩创伤（inner child wounds）是指，将孩提时期的身体、情感和精神需求（被看见、被听见、真实地表达）未被满足的痛苦经历带入成年生活的表现。

给内在小孩在童年造成创伤的原生家庭环境分为三类：操控型、不称职型和虐待型。

1. 操控型。操控型父母有两种表现方式：间接控制和直接控制。间接控制的父母经常把操控伪装成关心。一些常见的说辞有"这都是为了你好""我这样做都是为了你""正因为我这么爱你"……其实表达的都是同一个意思——"我这样做是因为我太怕失去你，所以我宁可让你生活在痛苦中"。直接控制经常包含威胁、恐吓和羞辱，这样的父母会否认孩子的真实感受，想借由孩子"重活一次"或用自己的想法塑造孩子。

从心理学的角度讲，喜欢控制孩子的父母，其实都是情感不成熟的父母。要知道，情感成熟和充满自信的父母是无须通过控制子女来获得成就感的。

当操控型父母给孩子施压，摧残孩子的感情，使孩子胆怯、内疚好被操控的时候，孩子通常有两条路可以走：投降或者叛逆。然而，这两种选择都不利于心理上的解脱。

2. 不称职型。为人父母者，不是简简单单地把一个生命带到这个世界上，还应该承担起相应的责任和义务，这样的父母才算是称职的。

不称职的原生家庭环境，可能是父母离异的、早逝的，或抛弃孩子的，总而言之，父母在孩子的成长过程中常常是缺席的。在这种家庭环境中，孩子缺爱，也缺少关注，父母听不到也看不到孩子，孩子甚至有时候会通过伤害自己，或采用某种夸张的“演技”来表达需求，结果变得越发孤僻，将渴求向内隐藏。

3. 虐待型。包括身体虐待、语言虐待和性虐待。

① 相关调查显示，我国69.8%的人小时候挨过父母的打。如果升级到身体虐待，也可能会有不少人深受其害。但从根本上讲，打孩子无非是父母想宣泄自己的情绪，因为暴

怒之时，父母早已是情绪的奴隶，这个时候的打骂通常忽视了孩子犯错的真正缘由，因而没有任何教育价值，孩子反而会越来越叛逆，心理越来越敏感。

对孩子实施身体伤害的父母往往自己就生长于充满暴力的家庭，他们成年后的大部分虐童行为正是他们童年体验和感悟的重演。他们的角色“榜样”就是曾虐待自己的父母，而暴力就是他们学会的解决问题和发泄情绪（尤其是愤怒）的唯一手段。这类父母实质上都会有自我厌恶感、无处宣泄的愤怒、难以战胜的恐惧、对他人的信任缺失以及自身安全感不足。

在这样的环境中成长的孩子充满了焦虑、紧张和痛苦，这些情绪慢慢会演化为负面的预期和偏执的戒备心理。他们长大后会对所有人做最坏的设想，觉得自己会像童年时一样被伤害、被虐待，所以他们用情感的铠甲将自己武装起来，不让任何人靠近。然而不幸的是，事实证明这副铠甲并非保护，反而是深深的束缚。如果未被疗愈，自己的愤怒和挫折会延续到婚姻和亲子关系中。

② 如果说身体虐待是一种肉体上的折磨，那么语言虐待就是一种精神上的煎熬。大多数父母会偶尔对孩子说些贬

损的话，这未必就是语言虐待。但如果家长经常对孩子的外表、智力、能力或作为人的价值进行语言层面的攻击，那就属于语言虐待了。这会让孩子心里觉得自己一无是处，从而产生极其自卑的想法。从某种程度上说，如果未被疗愈，他们会将父母对他们的负面预言变成现实。这是通往恐惧的心理瘫痪之路。

③ 性虐待。在心理学中被定义为乱伦，一种乱伦行为是以唤起侵害者性兴奋为目的而进行的与儿童口部、胸部、生殖器、肛门或其他身体部位的身体接触。侵害者不一定和孩子有血缘关系，他可以是被孩子视为家庭成员的任何人，比如继父母或姻亲等。还有一些乱伦行为，虽然不涉及与儿童的身体接触，却同样具有伤害性。比如，侵害者在孩子面前裸露身体或手淫，或者说服孩子拍下具有性暗示意味的照片等。

我们还必须在乱伦的定义中加上一条：乱伦一定是需要保密的行为。父母给予孩子的充满关爱的拥抱和亲吻并不需要保密。事实上，这种身体接触对孩子情感的健康发展是十分重要的。但是，如果父母抚弄孩子的生殖器或是让孩子自己抚弄，那就必须保密了，此种行为即为乱伦。

乱伦或许是最残酷、最令人难以启齿的经历了，这使孩子失去了与父母之间最基本的信任，也摧残了孩子的感情。这些弱小的受害者完全依赖于他们的侵害者，他们无处可逃，无人可以求助。这些负面影响不是三年五载就可以消除的，大多受害者在父母去世多年以后，仍然常常在半夜被噩梦惊醒，恐惧让他们无法正常工作和生活。他们在自我认同、性格与感情方面，也有着严重的缺陷。他们常常有消极的自我形象，难以形成稳定的亲密关系，内在强烈的羞辱感和愤怒无法释放，一生都可能深陷其中，无法自拔。

在这里，我必须暂时抛开严格的心理学理论郑重表态：对儿童的性侵犯是名副其实的恶行！

“我真恨我妈。至于我爸，这个人根本就没存在过。”慧婉的眼神有点呆滞，连她自己都不相信她会说出这样的话，话一出口她就觉得自己极其不孝顺，虽然7岁以后自己就在姥姥家生活，但是至少父母给了她生命。

“我能理解你的感受，原生家庭就像是一个人成长的土壤，很多人会把自己长大以后的所有不顺心、不如意，改不了的坏毛病，克服不了的性格障碍，情感中出现的问题，都归结于原生家庭的错。不过，想要疗愈因原生家庭受的伤，关键是我们需要看见自己，学会爱自己，释然放下。我们更需要做的是归因，而不是归罪。”

慧婉马上解释道：“我觉得我挺爱自己的。工作上虽然不能说满分，但和同龄人比，我走到今天这个位置，还是相当不错的。感情的事，不提也罢。我性格暴躁、没耐心、爱发火，跟我妈一样，别人都觉得我很难靠近，肯定跟缺失父爱有关。”

“你真的爱自己吗？”天使姐姐的这个问题，重重地直击慧婉的心房。

“哪有人不爱自己啊？”话刚出口，慧婉紧接着追问，“姐姐，什么是真的爱自己呢？”

“用这4个问题衡量一下：你会寻求他人的认可吗？你是不是总把自己放在最后，掩饰自己的情感？你对自己严苛批判吗？你总是不相信自己的直觉，甚至有时候对苦难感到麻木吗？”天使姐姐继续补充道。

这些问题让慧婉陷入沉思，出乎意料的是，她心里给出的答案都是肯定的，而这让她看见了自己的另外一面。她回顾生活中出现的种种问题。在内心深处，她可能并没有真正接纳自己。

“这样说的话，难道我还真的不知道怎么爱自己？”想到这里，慧婉泪目了……她几乎没有在陌生人面前哭过，她一直都把情感掩藏起来。甚至和陈默在一起吵架、闹矛盾的时候，她也是在晚上睡觉前一个人躲在被窝里哭。

慧婉怀疑，像她这样的女人，值得被爱吗？

“我从来没有从父母那里得到过真正的爱，我妈总希望我活成她希望的样子，我爸，在我的人生中是完全消失的。虽然我们和姥姥住一起，但我妈整天忙里忙外也没空管我，差不多95%的时间是我一个人度过的。”

天使姐姐听到这里感同身受，眼眶也润湿了，她说：“现在将你的双眼轻柔地闭上，跟我一起**冥想**。”慧婉心里暗暗嘀咕：“这不是要对我施加什么奇怪的法术吧？”顾不了那么多了，她觉得自己的神经总是绷在痛苦的弦上，无法放松。在眼睛闭上的瞬间，她觉得整个世界都安静了。

冥想是一种改变意识的形式，它通过进入深度的宁静来增强自我认知和获得良好状态。在冥想的过程中，大脑可以得到充分的休息。沃尔夫冈·林登在《临床心理学》中说：

“冥想可以停止知性和理性的大脑皮质作用，而使自律神经呈现活络状态。简单地说，就是停止意识对外的一切活动，达到忘我之境的一种心灵自律行为。”

在冥想练习的过程中，可以设定一个标的物，比如呼吸、某种声音，或某个需要放松的身体部位等，以此来训练大脑的专注力。同时，保持意识的清醒和觉察，放下对问题的思考、分析、回忆、判断，以及对过去的执着、对未来的期待，不是要完全清空大脑，而是要专注于内在的感知，用心体会当下的感受。

斯瓦米·拉玛在《冥想》中说，“冥想”（Meditation）这个词的英文单词词根与“医药”（Medical）和“医治”（Medicated）的词根接近。这一词根有注意、关注某物的意思。冥想是一种独特、精细、准确的方法。这个简单的注意力训练，可以让练习者对身体、呼吸和意念进行全方位的自我了解。随着时间的推移，练习者的愉悦感增加，思维变得愈加清晰，洞察力也得到提升。

“先去聆听你的呼吸。”天使姐姐好像会催眠。

这时候，慧婉的呼吸很短促，她的整个身体还在悲伤中抽搐，她从来没有意识到自己的呼吸短得几乎让她喘不过气来。

“深深地用鼻子吸一口气，再缓慢地将气从嘴巴里吐出来……”慧婉跟随天使姐姐的引导，渐渐觉得气息顺畅了许多，好像身体内有更多的空间去盛放自己曾经无处安放的糟糕情绪了。几次调息之后，她的身体和头脑变得特别安静。她从未如此认真地聆听自己的呼吸。每一次吸气的时候，慧婉感觉自己重新充满了活力，而呼气的时候坏情绪也一并被吐了出去。

偶尔，慧婉的脑海里还会想接下来要去做什么，也会跳出来一些无关痛痒的生活片段。“把注意力放在呼吸这么简单的事情上，竟然如此难做到。”慧婉暗自思量。

“如果你的脑海里出现一些念头和想法，也没有关系，让它们自由来去。有意识地重新将注意力收回在呼吸上就可以了。”天使姐姐看出慧婉的眼珠子一直在眼眶里打转。

这次慧婉才开始认认真真地把所有注意力都放在呼吸上，就像天使姐姐说的一样，从饱满的呼吸中去感受旺盛的生命力。她感觉自己渐入佳境。

“接下来，将你的左手放在心脏的位置。”慧婉虽然不知道为什么要这样做，但手掌不由自主地跟随着天使姐姐的引导，“用这种方式去联结你的内在小孩，你仿佛在内心深处看见一个孩子，越来越近，越来越清晰，你甚至可以描述出孩子的模样……”

这些话好像有魔力一般，慧婉猛然看见一个离自己老远，孤零零地正往远处奔跑，只留下愤怒和伤感背影的小孩。慧婉正想问她：“你怎么跑掉了？”那个小孩早已消失得无影无踪。慧婉的眼角不自觉地流下了一滴凉凉的、咸咸的泪，面部表情也开始扭曲。

天使姐姐看出了慧婉的异样，“无论你的内在小孩现在是什么样的，都告诉她：‘我看见你了，我愿意在这里陪伴你，守候你，跟你一起成长……’如果你愿意，可以在这里继续停留几分钟。”天使姐姐暗示慧婉。

这些疗愈内在小孩的语句字字珠玑，慧婉好像突然明白了些什么.....

这一刻好像过了很久，她从未感受过如此的平静，让她暂且忘记了过去。

“缓慢收回你的意识，准备好了就睁开双眼。”慧婉被天使姐姐的引导唤醒，睁开眼睛的瞬间，她整个人就像被洗礼了一样，只有坦然和平静，眼睛变得前所未有的明亮，好像又可以重新打探这个世界一番，短短几分钟的时间仿佛洗涤了她的整个童年。

疗愈心语

个体心理学家阿德勒曾说："决定我们自身的不是过去的经历，而是我们自己赋予这段经历的意义。"

无论我们经历过什么，如何看待过去原生家庭给我们造成的伤害非常重要，为这些伤害赋予什么意义，会决定我们是放下，还是一直紧握不放。如果把过去的经历只当成伤害，那么我们就是受害者，可能更容易活在受害者的角色里，甚至为此付出一生的代价。如果选择放下，其实也是放过自己，我们可以为过去发生的一切找到新的意义，面对现实的种种，拥有新的体验和选择。

想想，我们给过去都赋予了什么意义呢？如果能找到让自己接受和安心的意义，那过去的伤害对我们的影响就会变得完全不同。

有的人从过去的伤痛中找到了“我看到了过去父母对自己造成了怎样的影响，所以我会做一个更好的父母”的意义，有的人找到了“痛苦的过去让我变得坚不可摧、无比强大，所以我才会有这样的意志力努力过好今天的生活”的意义。

你的选择是什么呢？

人往往容易被自己的旧有信念所局限，原生家庭的创伤就像一个囚笼，你可以选择看见和接纳创伤的存在，但不会因被创伤禁锢而失去飞翔的自由。请记住，你的内心已经渐渐成熟，你可以摆脱过去伤痛的限制。你是自由的，你可以选择自己想要的生活，做自己真正想做的事情，拥有一个自己说了算的人生。

然而，真正地放下不是忘记或者强迫自己选择遗忘或原谅，而是认清创伤对成长的影响，全方位地认识自己，从而化解内心的冲突。

心理学研究发现，人之所以会痛苦，很大一部分原因是对自己不了解。而这些看不见、摸不着、无法明确的内容就深藏在人的潜意识中和内心深处。人们只有不断挖掘潜意识中深层次的内容，才能逐步地了解自己，重新认知自己，从根本上解决内心的冲突。

除此之外，只有在对自己深层认知的基础上，才能够疗愈过往的创伤。过往的经历和事件并不会对每个经历者当下的生活造成创伤，真正能够造成创伤的是我们对过往经历和事件的解读。由此，全方位地重新认知自己，不仅可以全面了解和诠释过往的事件，而且可以借此机会进行自我疗愈，完成人生蜕变，让自己能够更喜悦、更健康地享受生活，从而获得足够的幸福感、成就感和满足感。

疗愈内在小孩是一个非常重要的途径，通过冥想的练习联结潜意识，让它提供给我们线索，并由此找到自己的痛点。然而，发现痛点并不总是非常容易的，人为了保护自己免受创伤，会为创伤穿上很多外衣，在这些外衣的包裹下，创伤就不具有“杀伤力”了，心理学将这样的外衣称为“防御机制”。然而，那些未被疗愈的创伤就像滚烫的火山岩浆，一直在山口下方暗涌，虽表面看似平静，但一旦爆发就是毁灭性的。疗愈内在小孩的心理旅程就像帮他脱掉层层外衣的过程，这个过程未必会舒服，有时甚至让人有些挣扎，但通过有策略、有建设性地穿越防御，我们会逐渐赢得自己的内在小孩的信任，最终跟内在小孩和解。

实践练习

1. 用下方的表格分别罗列出父母曾经对你造成伤害和给予你关怀的事件，以及这些事件对应的种种负面情绪，比如羞愧、愤怒、焦虑、悲伤、恐慌等，和正面情绪，比如喜悦、自信、关怀感、放松、感受到爱等。

父母对我的关怀（事件举例）	情绪描述	父母对我的伤害（事件举例）	情绪描述
1		1	
2		2	
3		3	

2. 准备一个疗愈日记本，随时记录你在练习中感受的变化。如果你的负面情绪较多，那就以写信的方式和父母沟通，内容包括父母曾经对你说的、做的和你当时的感受，以及它怎样影响了你的过去和今天的生活，还有最重要的部分是，现在你对父母的要求。

写完这些，根据你的个人情况选择要不要和父母分享，分享的前提是你要知道父母的反应和你的应对方案。也可以仅仅把信作为情绪的一个出口收藏起来，作为放下的开始。

3. 扫码练习原生家庭疗愈冥想。

第04章

恐怖电影：人的原始欲望

上海初春的夜晚有点潮，还有一丝凉意，在新华路两旁是枝干交错的法国梧桐，月光透过梧桐叶，光影投射在路上格外有一番韵味。这是忙碌大都市中难得的一块幽静的栖息地，路边每一处洋房和弄堂都有数不清的故事，也写满了慧婉的故事。

小区里的樱花已经开始含苞，在夜的映衬下，成了一幅斑斓妩媚的画作。一路上，慧婉若有所思，她觉得是时候厘清一段感情和一些混乱的思路了。

她想起自己跳槽到会展公司，还是在3年前，那年她29岁。因为是大公司，业务覆盖全球30多个国家，所以她相信在这家公司一定会有更多、更好的施展拳脚的机会。之前所在的公司有太多的明争暗斗，而这家公司应该更能“靠实力说话”，而且高提成也非常诱人。慧婉觉得在职场上自己就像一匹野马，拥有顽强的生命力，适合在广阔的草原上奔跑，自由觅食，而不是被“驯养”。就像她的成长经历，自从父母离异，她便脱掉了缰绳。

她的老板陈默也是最终拍板让她进公司的人。陈默是个才华横溢的“海归”，读商业管理，从英国留学回国后在上海白手起家，用功成业就来形容他一点都不为过。办公室里的人都知道陈默离婚还带着个孩子，只是他不管是在公司还是私底下都没有提及过此事。

慧婉进公司后，陈默对她处处照顾，甚至让她找到了一种父爱的错觉。

“深圳那边的展厅，客户的其他要求目前还没有批下来，展厅在催，让我们尽快确认一下。还有一个大客户需要面对面接洽，近期得安排一次公差。”陈默在周会上和人事经理王闻吩咐。

几个同事都把头埋低，王闻看了一圈，问：“慧婉，这个客户应该是你负责的吧？”

每次遇到问题，他总是先撇清自己的责任，然后寻找周围的“替罪羊”。而且，他从来没有“失手”过。

慧婉脑子里突然闪过上个月王闻把张勇捅出去的事。张勇是这里的老骨干了，却利用职位便利倒卖展位，将预留给自己客户的展位以原价转卖，获利2万元。当然，事情终究还是被王闻及时发现，张勇离职，赃款追回，王闻也因此得到了一笔奖金。“整天都是靠‘捉贼’过日子，还不忘记讨好老板。”慧婉心里暗想着，不自觉地把头扭到了一边。

突然被“点名”，慧婉愣了一下，还好她反应快，马上解释道：“对的，这个客户诉求比较多，价格方面也在压，沟通了很长时间……”

“你能和老板一起去的话，我就安排行程了。”王闻好像早有预谋一样，马上就要铁板钉钉地把事情确定下来。

陈默转过头来看着慧婉，眼神中带着恳求，也似乎透露着一丝谢意。慧婉不得不答应。

去深圳的一路上，陈默对慧婉照顾有加。项目谈得异常顺利，客户对慧婉的工作能力和谈判技巧非常赞赏。慧婉也感觉到陈默看她的眼神似乎有些扑朔迷离的暧昧，而自己也在这样的好感中找到了认可。

“谭经理，如果没有别的问题，我们这边就按照今天的约定准备好合同。”慧婉的机智和能言会道给公司和客户创造了双赢，一个晚上大家都在笑声中度过。

“你们这顿饭请得值，不仅谈下了我们这个大客户，还得到了一个转介绍的机会。走！我们继续去庆祝。”谭经理显然意犹未尽。慧婉碍不过情面，无法推脱，就被拉去当地南山区的酒吧继续喝酒。

……

“陈默……”慧婉轻轻呼唤，呼吸声愈发粗沉。陈默的身体好像幻化成一道浓密的黑烟，让她喘不过气来，酒精助燃了她和陈默之间的欲望。

疯狂、激动、羞愧，更多的是恐惧，像极了看一部没有结局的恐怖电影，又好奇又惊悚，而慧婉对陈默原本的崇拜，此刻却让她怕极了。

想到这里，慧婉突然在楼门口停了下来，用左手掌心抹过自己的额头，眉心紧蹙，胃里有点翻江倒海，“我当时一定是疯了，我怎么能龌龊到这种地步……我不会是爱上他了吧？”她越想越觉得混乱，感觉自己很脏，就像是一滴墨渐渐在清水中化开，乌了清水的本色。

她快步上楼，走进自己的住处，在沙发上半眯着眼睛寻思着天使姐姐的话，心里想：“我承认我的内在小孩是受伤的，但是陷入这样一段不明不白的感情中两年多，不是我不想脱身，而是……有点复杂。天底下哪有像小说里写的那么顺其自然、简简单单、纯真无染的爱情故事呢？”她开始安慰自己。“只是，陈默的若即若离让我对爱产生了极度的渴求，这种感觉好像似曾相识。”

慧婉脑海中徘徊着天使姐姐的一句话，“归因而不是归罪”。“如果说我无法原谅父母对我童年造成的伤害和在我成长中的缺席，那是不是我也一直无法原谅自己？”慧婉为自己的灵机一动感到欣喜，同时也开始怜惜自己，“原来我一直在用‘父母的错’惩罚自己，一直在爱中寻找似曾相识的‘被虐待感’”。

那些让她久久不能释怀的感受好像都有些共性：“和陈默

在一起，虽然从一开始可能就是个错误，但我很怕失去”“相处中我好像总是在配合他的想法和做法，因为我怕被孤立”“关系中刻意讨好，我怕不被爱”“逃避任何可能的争吵，我怕受伤”“我就是个胆小鬼，可是我明明在工作上表现优秀，我也不怀疑我的能力，那我到底怕什么呢”……这些想法让她深陷焦虑。

她开始闭上眼睛学着天使姐姐教她的样子，做了一个深呼吸，从回忆中抽离。最近，觉睡不好，冥想的时候脑袋里有很多杂念飘来飘去，她想下次去找天使姐姐好好问问。

第05章

乌云背后有光：释放恐惧

慧婉期待的周末终于到了。上次和天使姐姐的碰面，对她来说有点像乘坐时光穿梭机，带着她穿越到一个属于过去的时空，从另外一个角度重新审视自己，就像被陪同一起探索了某种“人生真理”。

这并不是她习以为常的方式。“问题不是本该丢给过去吗？过好今天不就行了吗？但是我为什么还不开心？显然，问题被深埋在心里的某个角落，我看不到它，它却能不断地找到我，这种感觉并不好。”想到这里，慧婉加快了脚步。

最近，她脑海中一直冒出以前从来没有想过的问题，寻找答案的同时又生出新的问题。“如果真能找到这些问题的答案，是不是我就会好过些呢？”慧婉毫不犹豫地推开门。

天使姐姐的工作室整体呈米白色调，虽然慧婉之前来过，但今天她才仔仔细细地看清每个角落。抽象的挂画，满窗的绿植和花卉盆栽，手工编织的东南亚风格的风铃，四周有很多抱枕和瑜伽垫，好闻的鼠尾草熏香零零散散地摆放在鲍鱼壳里，还有好几个叫不上名字的铜碗一样的东西，所有的小摆件都搭配协调，让她觉得很安全。

慧婉低头沉思着，相形之下，自己的生活原来如此满目疮痍，狼狈不堪，除了情爱的兴奋感和工作上的微小成就感……好像这些只是她用来掩盖内心脆弱和自卑的东西。让她忐忑不安的，还有前些日子脑海中总结出的“恐惧”。

“这些天，你都好吗？”天使姐姐好像看出了慧婉的心思。

“哦，工作上还行。”慧婉习惯性地报喜不报忧。

“那，你自己呢，这些天感觉怎么样？”天使姐姐温柔的注视，让慧婉想一股脑儿把自己的困惑吐出来。

“姐姐，我觉得上次你说得很对。我好像一直对父母的错耿耿于怀。”她想了片刻，立刻补充了一句，“不，我好像是在用父母的错惩罚自己。”

“说来听听。”天使姐姐投来关怀的眼神。

“你上次问我真的爱自己吗……”慧婉小声地嘟囔着，好像在说给自己听，“从小我妈对我说话就声嘶力竭，不是喊就是骂，让我总觉得自己做错了什么。现在，我也常常在心里批判自己。但关键是我真的不知道哪儿来那么多害怕的事情……”她把前几天晚上的思绪一连串讲出来，说完后感觉很痛快，心里不那么憋闷了。

“姐姐，我该怎样做才能消除这些恐惧呢？待在害怕里的滋味让我很焦虑。”她觉得自己好像一个对爱饥饿的孩子。

天使姐姐转身拿了一个黄苹果递给她，慧婉还没明白意图就接过了苹果，“叮——”突如其来的铿锵有力的声响把她吓了一跳，手中的苹果也丢在地上，滚落到桌旁。慧婉抬头看见天使姐姐正在敲那个铜碗。“搞什么鬼？”慧婉下意识地摸了下耳朵，心想，“这声响太震撼，虽然悦耳，但在我接苹果的时候出现显然有点不合时宜。”

接着，天使姐姐捡起苹果又递给她，慧婉怕了似的本能地将手向后缩回去。

“对不起，吓了你一跳，”天使姐姐微笑着说，“你已经开始保护自己了。”

慧婉还是觉得云里雾里的，她问天使姐姐：“我可以把你刚才递给我的苹果理解为过去的事件吗？敲出来的声响就是过去事件引发的恐惧情绪。刚才姐姐再次捡起来的苹果就是与过去同类的事件，我其实还记得这个苹果是‘有诈’的，对吗？”说到这里，慧婉自己也笑出了声，“别说，这个铜碗的声音还挺空灵的。”

“这是西藏颂钵。”天使姐姐一边点头一边说：“它是用当地7种金属和天然矿石，经手工凿击而成的。这里每个颂钵都有独特的质地和声音频率，对应调整我们身心的震频……想要化解**恐惧**，我们要找到恐惧的来源。在过去的成长经历中，你最怕的一件事是什么呢？”

恐惧是一切负面情绪的来源，可谓“负面情绪之母”。每一个婴孩都是哭着来到这个世界上的，都带着对未知世界和变化的恐惧，这一份恐惧是最原始的，它是与生俱来的情绪储备，深藏在人类的基因中。

焦虑的背后是恐惧，没有恐惧就不会有那么多对不确定性的担心；愤怒的背后也是恐惧，一切的无法释怀都是因为恐惧；各种痛苦的情绪更是因为恐惧，害怕不被爱，害怕不被认同和接纳，害怕无法控制，害怕失去自由。

我们的生命中有太多让人恐惧的事情了，以至于我们或许不会觉察到这种情绪的存在，对未知的恐惧，对孤独的恐惧，对失败的恐惧，对死亡的恐惧，等等，

我们都在试图逃避它、掩盖它、驱散它，这只会让我们一次又一次地泯灭自身的安全感。要战胜恐惧，我们需要做的是面对、接纳和穿越！

那么，究竟要怎么做才能克服恐惧呢？克里希那穆提在《生命之书》里说："事实是一种东西，对事实抱持看法则是另一种东西。因为我害怕的是心中的看法，所以我从不去了解事实是什么，从未和事实产生过联结。只有当我彻底投入于事实，恐惧才会消失。如果没有投入于事实，心中就一定会有恐惧。"

也就是说，制造出恐惧的其实是我们对事情的认知、看法和经验，我们必须学会站在一个旁观者的角度认清事实的

本来面目。透过自我觉察，了解过去的经验和当下的真相，才能真正地穿越恐惧。

慧婉似懂非懂地回答："可能是怕父母骂我、打我吧……不，怕他们把我送到姥姥家。我总是一个人待着，经常在他们快下班的时候等在大门口，扒着窗户朝外望，盼他们早点回来。"说到这里，慧婉开始哽咽，"……我离不开陈默，也是因为怕他……"话未出口，又被她吞咽了回去，她可不想让任何人知道她在和自己公司的老板搞地下恋情。

"怕父母不陪你？还有更深层的含义吗？"天使姐姐追问。

"一直没有安全感，怕被他们抛弃吧，怕……不被爱。"慧婉铁定了答案。

"所以，你的内在小孩在成长中一直承载着这份恐惧？它是怎样影响着你当下的生活的呢？"天使姐姐的问题给了她极大的提示。

慧婉顿悟："原来我一直选择了和恐惧为伍，跟陈默在一起时，感觉越怕失去就抓得越紧，越怕不被爱就越像一个爱情里的乞丐……”她简单地回答了一句：“现在的生活确实受到了影响。”

天使姐姐好像看出了慧婉的言不由衷，顺势拍了拍她的肩膀。“爱会消除恐惧，所以我们的功课就是怎样好好爱自己，拥抱你的内在小孩。”说着，天使姐姐把苹果洗干净，重新递给慧婉。

慧婉听出了天使姐姐的话中有话，笑着接过苹果，好像看见了乌云背后的光。

疗愈心语

“情绪的恐惧”是那些过去一直没有解决掉的伤痛，它们时常以另一种面目出现在当下的生活中，而我们又并不容易觉察到它们。

一旦孩子的所作所为与父母的要求不同，兴趣和能力与父母的期望不符，父母就会失望透顶，有时会吼骂，甚至拳脚相加，而这种失望一旦传达给孩子，就会引发其内心的羞愧。

这种羞愧的感觉，在孩子的内心反射出无力感和无能感，他深深觉得自己是错的，自己总是做不好。当一个人感到羞愧时，他便不再相信自己的情感、知觉和能量，在成长中变得害羞、迷惘、退缩。

一旦认识到这种恐惧是源自无法达到父母过高的期望而产生的羞愧，我们就该明白，人并不是为了满足那些不可能的期望而活，也不是为了迎合别人的赞同而活，而是为了自己而活。

除此之外，孩子最害怕的是情感上的被遗弃。而无论喜欢与否，人生总会经历被拒绝、被遗弃的伤痛。

本质上讲，人最初离开妈妈的子宫，就会带着最原始的“被惊吓”的记忆，这让人有足够的理由害怕。而出生后的经历，无论是遭受身体上还是情感上的虐待与不公，都会为内在小孩的原始恐惧感雪上加霜。如果童年经历了剥夺和暴力，缺少爱、关注、认同和尊重等，那这些将成为恐惧的另一个主要来源。

一旦这种“觉得自己不够好、很没用”的羞愧感在内在小孩的内心扎根，它就会在未来，以一种恐惧的心理出现，让我们觉得自己什么都做不好，进而导致失去真正的自我。

我们的内在小孩渴望被爱，同时也畏惧遭受更多的伤害和遗弃。任何人都无法完全填补内心的空洞，除了自己。当感到恐惧的时候，不妨试着走进自己的内心，联结内在小孩，先去聆听恐惧背后传递的信息，而不是去纠结怎样战胜恐惧。

实践练习

1. 对照人生六大平衡项目——健康、家庭/爱情/亲子关系、事业、财富、人际关系、个人成长，去找到相应的恐惧，由轻到重依次排列写在多张卡片上。找一个舒适的空间，坐着去调息，去放松，然后逐一拿起手中的卡片默念并想象其中的情景，越逼真越好，去感受当你面对恐惧时产生的不安、紧张和害怕，同时观察自己的呼吸情况和身体反应。用调整呼吸的方法让自己放松下来。如果有紧张情绪产生，重复上一步，直到平静下来为止。

2. 使用下方表格，把恐惧的事件转化为正面肯定去练习。

比如，在工作上，因为方案的某个细节没有做好导致严重后果，你怕老板会解雇你，那么肯定的心理暗示可以是，我能通过这次机会去探索工作中从未接触过的领域，或者告诉自己就算被老板解雇了，但自身的技能还是得到了提高，自己依然可以找到更好的工作，等等。

（刚开始练习，你可能会产生怀疑，甚至无法信任自己，但是随着时间的推移，这些积极的心理暗示会改变你的情绪和身体感受。）

项目	恐惧的具体事件	正面肯定练习
健康		
家庭/爱情/亲子关系		
事业		
财富		
人际关系		
个人成长		

第06章

为什么我不能好好恋爱？

“晚上去正大这家吧，那里场地不错，还可以点外卖。”周五下班后，王闻组织大家一起去唱卡拉OK，办公室里好不热闹。慧婉听着同事们的讨论，有种抽离感，明明很不喜欢和同事们一起社交，但碍于面子，还是不得不参加。

已经晚上7点多了，陆家嘴一带商业楼里每个人都在忙碌，忙着完成手头的任务，忙着赶地铁，忙着去健身房、去抢购，也忙着奔波于人情世故……上海真是一个不停旋转的大都市。慧婉斜过身体看着窗外的车水马龙，快节奏的生活给人很强的压迫感，好像每个人的时间都不够用，每个人的目的性都很强。自己除了偶尔和同事们一起娱乐消遣，再没有什么其他的社交，更没有一个知心朋友，慧婉的爱情就像是追求一场变幻莫测的梦，而梦醒后的失落感占据了她大部分的感受。

慧婉时不时地看着自己的手机，陈默不在办公室，也没有回复信息，想必他是不会去了。

一晃，和陈默在一起两年多了，而这段恋情让她一天也没消停过。确切地说，除了两人在一起的暧昧时刻，她丝毫没有感受到恋爱中的幸福感。这段关系让她患得患失，求而不得。慧婉可以接受他离婚有孩子的事实，但是越来越无法接受他从来没有名正言顺地向“全天下”宣布，她是他的女朋友。这让她觉得自己一直“见不得光”，她离一段美好的恋情、一个完满的家庭越来越远。通过和天使姐姐的几次沟通，慧婉已经开始有了反思的习惯，“一定是哪里出错了。”她在心里告诉自己。

她把自己的青春和最美好的年华，赌在了这个话不多但心里很知道自己要什么的典型大都市精英身上。回头想想自己，无论白天的都市生活多么喧闹华丽，一个人落单的夜晚始终觉得寂寞极了。自从和陈默在一起，慧婉常常会因为他的拒绝和言不由衷以泪洗面，她觉得自己很像是陈默招手即来挥手即去的爱情随从。

“我配不上他吗？为什么我不能好好恋爱？”匆匆发生的一切，让慧婉已经忘记了爱情的味道。

她追溯过往失败的恋情，一段是和大她3岁的大学学长，另一段是和她刚开始工作时接触的一位同行业精英，长她9岁，加上这一次，陈默长她12岁。她一次一次刷新了自己恋爱年龄差的“吉尼斯纪录”，但她离“想要一个属于自己的家”的渴望遥遥无期。

总结来看，慧婉开始意识到自己好像对“父亲一样”的人，有种莫名的好感和渴望，而自己的父亲在她的生命中是缺失的。她还发现这3个人有一个共同点，都对自己若即若离。“这难道就是我的宿命吗？不，一定另有原因。”慧婉想到这里，之前对宿命论的深信不疑开始动摇了。

上次天使姐姐给的提示，让她开始重新思考：“为什么我不能好好恋爱？恋爱中放弃自尊，表现软弱，有时候还各种‘作妖’，骨子里好像刻着某种缺爱感和不配得到爱的感觉。”她开始逐渐认清自己跟父母的相处模式对她当下生活的影响，明明知道自己在一段关系里没有安全感，怕失去，但仍旧反复做同样的选择。

她突然联系到天使姐姐说的“内在小孩”，还有“重复创伤”。“莫非这种在感情中‘被虐待’的倾向是我‘想要重复寻找’的‘熟悉感’？”慧婉越想越觉得可怕。

接着她开始用天使姐姐教给她的练习方法做松弛训练，并用表格依次写下她人生六大平衡项目对应的恐惧。在“爱情”栏，她写道：“怕对方离开自己”。但写完后总感觉哪里不对，因为他离开是他的事情，跟我恐惧有什么关系呢？后来想了想，她把这句话改成了“怕对方不爱自己”。

写到这里，慧婉的脑中冒出了这样的画面：在父母离婚后，妈妈常把她一个人丢在姥姥家，她寸步不离地守着电话，只怕错过妈妈打给她的电话。而每次接到妈妈的电话，妈妈总说自己有应酬，今天没法来看她了。一想到这里，慧婉的眼泪就不自觉地流了出来，原来恐惧和内心的伤口离得这么近。她开始觉得不安，觉得世界对她不公平。别人的童年都有父母的陪伴，而自己如此费力，却依然无法得到亲生父母的关注。慧婉越想越觉得自己很可怜。

眼泪还没擦净，慧婉耳边就响起了天使姐姐的声音：“把恐惧的事件转化成正面肯定”。可慧婉心想：“这难道不是个笑话吗？这太难了吧。明明错的不是我，我却要为父母承担他们的责任！”她努力地尝试，想从这样的经历中找到某种正面肯定。“难道说父母没有给予我充分的爱，我就该忘记，就该这样迎着笑脸原谅他们吗？这绝不可能！”

过去的一幕幕在慧婉脑中重演，她突然觉得好恨自己的父母。但想起天使姐姐的告诫：这样的想法只能让你“无法放过自己”，用父母的错误惩罚自己。“还是继续努力尝试用正面肯定的想法吧。”慧婉念头一转，“从这样的经历中我学到了什么呢？”

逻辑开始清晰起来：“我的恐惧是：怕对方不爱自己。如果陈默不爱我了，会发生什么呢？我肯定会伤心、难过，因为我相信他永远是最后离开我的那个人。然而，人生哪有那么多笃信呢？我付出了那么多，我们在感情的周折中都付出了最大的努力，哦，是我在感情中用力维护这段关系。”

她用天使姐姐的方法提醒自己：“正面肯定就是从一个反方向来看吧，如果他不爱我了，是不是我可以打破自己恋爱年龄差的‘吉尼斯纪录’？或许我真的可以打破这个魔咒，找到一个真正在乎我、很爱很爱我的人。或许他不爱我了，很快就会有一个更珍惜我、更适合我的人出现呢！”想到这里，她居然笑出了声，自言自语道：“原来这个练习真的可以调整我的心态哦。”

“慧婉，走了，就差你了。”王闻的叫声打断了她的思考。

第07章

理性时代的爱情宿命论：潜意识意识化

去天使姐姐那里就像是一场绿野仙踪般的探索之旅，有一种“求生”的力量推动着慧婉去寻找她内心想要的答案。她已经迫不及待地想把自己的惊喜发现和心态转变告诉天使姐姐了。从这个可喜的发现中，她也想要挖掘出深埋在这段感情里的疑惑：“我明明是一个受过高等教育、有一份收入还不错的工作、聪明且理性的人，为情受伤是多么傻的一件事！但我却控制不住自己的执着，好像有什么高于我的力量在安排着这一切。”

天使姐姐在休息室闭目端坐着，闻声转头看见慧婉来了，朝她笑笑，好像马上读懂了她的心思。

慧婉很开心地分享自己成功转念的经验和心态变化，而在讲述自己感情经历的时候，她才发现，其实在这段关系中自己有多么不开心，这让她觉得胸口一阵憋闷，便脱口而出：“爱一个人有错吗？很奇怪的是为什么我总是爱上比我年龄大的，而且总对我若即若离的人。姐姐，你相信宿命吗？”

天使姐姐肯定了慧婉的成长，想了想答道：“信，也不信。”接着反问：“你觉得宿命是什么？”

“我总觉得在自己的生活中很多事情是早已注定的，我很难逃离自己的命运，好像早已经被安排和策划好了。”慧婉试着解释。

天使姐姐在一张白纸上画出了一个冰山的形状，冰山的一角露出水面，而剩余的大部分深埋水底。接着她解释说：“你目前的人际关系、亲密关系、你的感受、你的选择，并不是你说了算，而是你的潜意识说了算。”然后，天使姐姐在水底下藏着的大部分冰山上写下了3个字：**潜意识**，并继续补充道：“潜意识包括我们的情绪感受、不由自主的想法、对自己和他人的期待、被接纳和被认可的渴望，以及对生命本身的认知。”

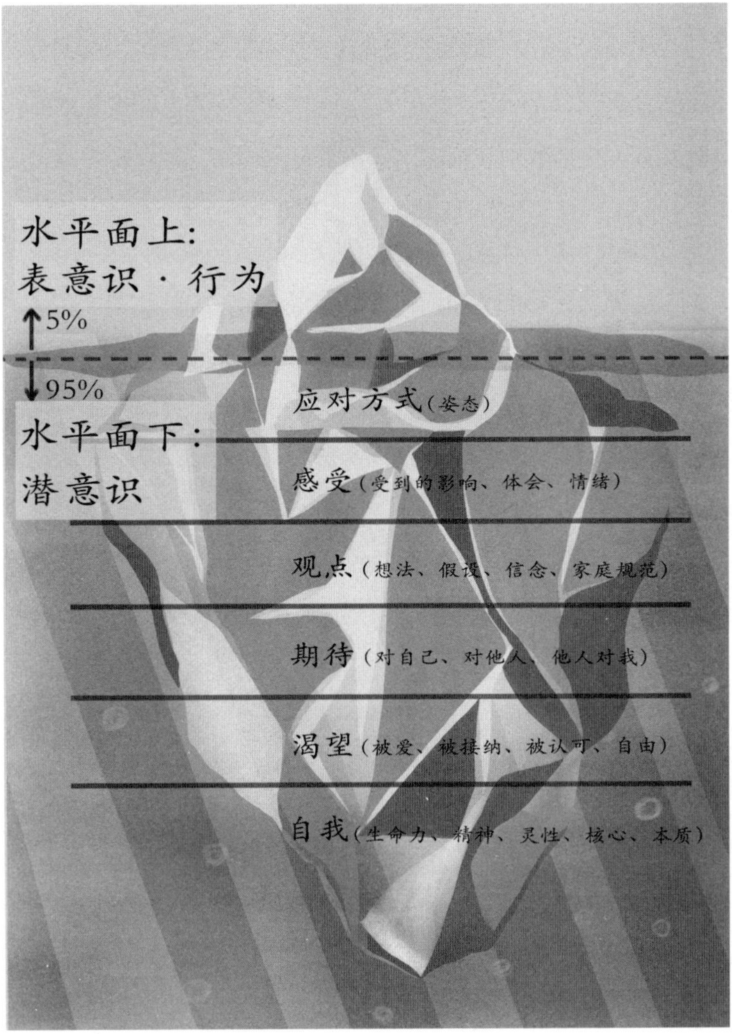
水平面上:
表意识 · 行为
5%
95%
水平面下:
潜意识
应对方式(姿态)
感受(受到的影响、体会、情绪)
观点(想法、假设、信念、家庭规范)
期待(对自己、对他人、他人对我)
渴望(被爱、被接纳、被认可、自由)
自我(生命力、精神、灵性、核心、本质)

荣格曾说：“你的潜意识正在操控着你的人生，而你却称之为命运。”我们自身的感受、一生所遇见的人、构建的各种关系、生活的现状都是潜意识推动的结果，在这种无意识的选择中构建了我们口中的“命运”，并支配着我们的一生。

在弗洛伊德的《精神分析学》里，潜意识的心理学定义是：人类的本能是大脑的一种潜意识，它是人类心理活动中未被觉察的部分，是已经发生但并未达到意识状态的心理活动过程。

慧婉仔细端详着这张图，问：“所以说，我日常绝大多数的行为都是源自潜意识的指引？那这些潜意识的信息是从哪里来的呢？”

天使姐姐继续说：“你可以把潜意识想象成一个容器，里面储存的很大一部分内容是被动输入的。通常是在人年幼的时候，原生家庭不允许，或者‘父母的执意’使人不能把这部分表达出来，于是只能压抑。”

“我从小被压抑的部分应该是自己的真实想法吧。所以我一直在寻找年龄比较大、能自由表达自己想法的伴侣，这是一种慕强心态。”慧婉得意于自己的发现，把前两天在两性心理学书籍上读到的词汇也用了出来。

“你懂了。”天使姐姐会心一笑说，“当我们的潜意识被压抑而不能表达时，它就会指引我们去寻求能表达的人，不惜一切代价地和他们构建关系，特别是亲密关系。”慧婉点点头，感觉自己的情感完全被理解了，瞬间释然，“难怪如此，看来和原生家庭脱离不开关系。”

天使姐姐点点头说：“你看啊，在我们最初和父母的依恋关系中，大多数的依恋者就是我们的抚养者——妈妈。如果一个人从小缺失妈妈的陪伴，总担心妈妈会离开自己，他的内心就会缺乏安全感，充满恐惧，所以不敢放开了去玩，成年后也会带着这种缺失的恐惧寻找另一半。再比如，有的小孩总是无法亲近妈妈，妈妈对小孩的态度也总是漠不关心。那在小孩成年后，他往往会在亲密关系中寻找对应的替代，寻找自己年幼时向往的依恋模型，然后试图重建自己的依恋模型，这些都是在潜意识的指引下完成的。”

天使姐姐看着慧婉，补充道：“追求人性的圆满是一种巨大的力量，男人追求女人，本质上就是一种阴阳和合的互补。你缺什么就会被什么吸引，从这个角度来说，你会爱上什么样的人、和什么样的人结婚，其实早就注定了。”

慧婉若有所思地问：“这应该是你说的相信宿命的部分，那不信的部分呢？”

天使姐姐点了点头，指着画中的冰山问：“从这张冰山图上，你能找到什么线索呢？”

“如果潜意识的信息都是在我童年和成长经历中输入的，那应该能有办法改写一部分我不喜欢，或者对我有消极影响的信息。如果我从今天起重新输入新的信息，是不是可以改变潜意识对我的指引呢？”慧婉急切地想找到答案。

“可以，**潜意识意识化**。”天使姐姐肯定地说。接着，天使姐姐提出了一个问题，让慧婉重新回到自己的思路上：“上次我们一起练习冥想的时候，你的脑海中都出现了什么景象？”

弗洛伊德在《神经症通论》中是这样解析潜意识意识化的：“潜意识里隐藏着人们曾经受压抑的渴望被满足的冲动，

由于这种冲动，它以一种神秘的并不被当事人觉知的力量，推动着人的行为，或者以症状的方式活跃着。这些被压抑的冲动和不被超我所允许的渴望构成了潜意识，当这些内容被当事人意识到后，症状就消失了，这种神秘的力量也就失去了法力。”

慧婉回忆起第一次冥想时候的画面，虽然只是一闪而过，但印象很深。“我看见了一个孤零零的孩子背对着我往远处跑。而且，我感觉她身上好像有一股戾气，不愿意和我接近……”说到这儿，慧婉下意识地低下了头，略带伤感。

天使姐姐关怀地问：“要不我们试试和你的内在小孩沟通一下？”

“这可能吗？”慧婉半信半疑，但想到上一次她能看见自己的内在小孩，这么不可思议的事情都发生了，还有什么不可能的呢？于是她同意：“我愿意试试。”

“别担心，我们每个人的潜意识都像一个好奇和贪玩的小孩，精力和时间十足，他对逻辑思维、文字和数字并不感兴趣，在他的世界里没有否定词，也不区分你、我、他，但他喜

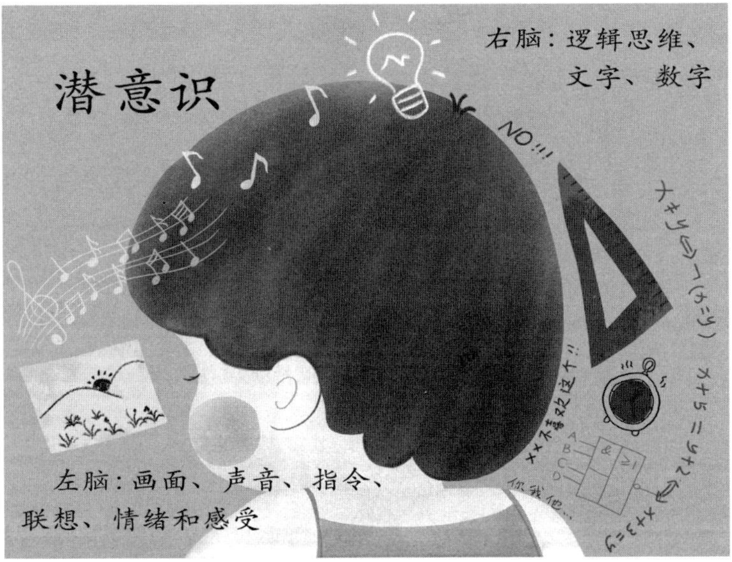
潜意识
右脑：逻辑思维、
文字、数字
NO!!!
××不喜欢这个!!
你我他…
左脑：画面、声音、指令、
联想、情绪和感受

欢通过画面、声音、指令、联想、情绪和感受跟我们沟通。”天使姐姐安慰着慧婉，然后用温柔而磁性的声音说，“先去关注你当下的呼吸，让呼吸逐渐减缓拉长。”

这次慧婉主动把眼睛闭上了。有了第一次的冥想经验，她好像知道自己该做什么了。几次调息之后，慧婉感觉自己完全放松下来了。

“很好，就是这样。接下来将你的意识向内投射，唤醒你的内在小孩…… 她今天看起来怎样？感受如何？仔细去聆听她想要告诉你的信息……告诉她，你看见她了。”天使姐姐的声音好像变得越来越小，而慧婉头脑里的声音和画面却越来越清晰。

“你离我远点！”慧婉被突然的声音和扭过脸来的小孩吓了一跳，小孩的脸血红血红的，坑坑洼洼的，惨不忍睹。

“你……你怎么了？”慧婉关切地问，并朝内在小孩的方向走过去。

“你从来都没有关心过我，你来这里看我的笑话吗？”说完，内在小孩低下了头。

这个低头的动作，让慧婉觉得似曾相识。“你是我吗？那个幼年的我？”慧婉从小孩的眼神中看到了恨意。“对不起，我来晚了。”慧婉不自觉地说。

内在小孩听到这句话，原地瘫坐下来，眼泪像雨点一样哗哗地流，每一滴眼泪滑过面庞的同时，慧婉都感觉面前这个孩子的脸色一点点恢复正常，表情也没有刚才那么扭曲了。内在小孩咬着双唇，直勾勾地盯着慧婉。

“如果愿意，你可以去靠近你的内在小孩，轻轻地拥抱她。跟她说对不起……谢谢你……我爱你。”天使姐姐的引导给了慧婉提示。

慧婉快步走过去，抱住面前这个娇小无助的小孩。虽然她无法说出这几个字，因为她从小到大从未从父母那里听到过这些话，但她还是感觉身体传来一股暖流，也找到了某种归属感。

天使姐姐看到慧婉的眼角渗出了泪水，面部表情有些抽搐，赶紧说：“告诉她，你会一直陪伴着她，守护着她……只要你愿意，你可以随时回到自己的内在世界，用爱滋养自己。”天使姐姐的声音慢慢唤醒了慧婉：“你可以在这里多待一会儿，也可以缓慢地收回意识，调整呼吸，回归到当下……”

疗愈心语

小时候，我们有很多未被满足的期待和渴望，有很多不被允许的情绪，甚至被伤害的经历，可能有时候我们自己都忘记了具体的事件，但是潜意识会帮我们记住当时的情绪和感受。

过往的种种集合在一起，形成了今天的我们——我们的认知和信念，我们的性格、情绪和行为……我们带着这部分“内在创伤”成长，成年后一旦遇见相似的事件，或者被某种类似的感受所激发，情绪就会不由自主地爆发，仿佛瞬间回到过去那种伤害和无助的情境当中，并习惯性地做出某种应激反应。

然而问题是，在成长过程中，没有被满足的需求和未被疗愈的创伤所导致的情绪、感受和反应，会深深影响我们的身体、心理、关系、感情和工作，甚至会妨碍我们做出正确的选择和判断，给生活不断地制造困境和问题。

在现在这个时代，每日繁忙的生活，导致我们向外关注的时间越来越多。我们想要体面的收入、和谐的关系和有价值的社会成就，为求得功名利禄放弃原则，却最终迷失了自我，无法快乐起来，因为我们早已与自己的内在小孩失联了。一旦我们忽略了内在小孩，当遇到任何挫折和困难时，他就会以“孩子气”的方式应对一切，会让我们徘徊在过去的某种交互模式中，阻止我们活在当下。

其实，大脑可以被重复训练，让经验成为习惯。因此，我们要打开自己的心，看见内在的自己，看见即意识到，在我们种种行为方式的背后，本质上是隐藏在潜意识里压抑的渴望和冲突，让潜意识中压抑的内容重见光明，就是潜意识意识化的过程。在此过程中重新输入正确的认知，凡事向内求，才是从根本上解决问题的方法。疗愈创伤需要很大的勇气来面对我们过去的种种行为，剥开生活中的创伤，让过去的真相暴露出来。

马克·尼伯说：“想要知道真相，必先经历痛苦。但不必为了保留真相而让痛苦持续存在。”

自我疗愈是一条少有人会走的路，然而一旦我们优雅地负重前行，我们就会发现，其实生命中最重要的关系是我们与自己的关系。其他外在的一切，以及生活中的经历都是我们内在意念的显化。

我们要练习觉察自己的内在小孩，用全部的爱好好地安慰他，抱抱他，照顾和陪伴他，好好地听他诉说，给他想要的理解和接纳，并开始觉察和用心感受自己的情绪，因为在情绪背后是我们未被满足的渴望和真实的想法。

在冥想的练习中，与内在小孩联结，可以唤醒我们的内在力量。如果说受潜意识摆布的人生是我们的命运，那么通过内在小孩的自我疗愈，带着觉知生活，让潜意识意识化，我们就可以开启有选择的“第二人生”，让自己掌握命运。

实践练习

扫码练习联结内在小孩的自我疗愈冥想。

练习联结内在小孩的自我疗愈冥想也可以参考以下步骤。

第一步：为自己找一个舒适且安静的疗愈空间坐好，先调息。

第二步：观察呼吸的过程，当自己能够专注下来，没有任何杂念的时候，尝试与内在小孩联结，内在小孩会在潜意识里渐渐浮现出来。(有的人在潜意识里会看见与自己同性别的孩子，有的人会在潜意识里看见不同性别或者不同年龄的孩子，也可能是完全不认识的孩子，甚至是不同种族的孩子，还有可能同时看见几个孩子……或者每次都看见不同的孩子。这都是很正常的，没有关系，请允许各种情况发生，不要急于批判和质疑，看见的就是自己内在小孩本来的样子。）

第三步：联结成功后尝试去感受内在小孩的情绪，如果有可能，尝试和他对话。

第四步：如果无法看见内在小孩，也很正常。请用多些时间练习自我觉察的能力，可以尝试多次收听其他冥想引导。隔几天再回来练习，给自己充分的时间，对自己的成长保持耐心。

第08章

色即是空：负能量清理

慧婉在天使姐姐的引导下，慢慢睁开了眼睛，擦了擦眼角的泪说道："我被自己吓到了。我的内在小孩好像被忽略很久了，谢谢你让我看见她。"不过这次冥想结束后，慧婉觉得并不轻松，心情有点说不出来的复杂。

"人生最难的事，是直面真实的自己。自我疗愈是一个化茧成蝶的成长过程。苦难，才是最好的老师。"天使姐姐感同身受地说。

慧婉并没有因此开心起来，她小声地嘀咕道："人生苦短，哎……"

"及时行乐。"天使姐姐俏皮地接了下半句，看着慧婉平静而又多愁的样子，追问道："你知道自己有种'超能力'吗？"

慧婉睁大了眼睛问："'超能力'？我？"

天使姐姐肯定地看着慧婉说：《心经》中说，色不异于空，空不异于色；色即是空，空即是色。这就是一样的道理。所以，你的'超能力'还不小呢！"

慧婉一脸茫然，这些古语现在听起来就像是绕口令。

天使姐姐在纸上画出好几个圆圈。

她指着最上面的小黑点说："把这个点理解成宇宙中最单一的物质，它是万事万物的基础。你可以将其理解成我们生存的大环境。"接着，她指着下面三个重叠的圆圈说："二维生三维，人类的世界，由物质和你、我、他组成，人类眼中看到的颜色是视网膜的成像，也就是刚才说的'色'，人与生俱来会带着经验的'有色眼镜'看待他物，这些都会受主观意识的影响。最后，面生立体，就是人类意识觉醒，用'博爱'开启盲区，开始更客观地看待自己，换位思考。真正'开悟'后，人便拥有无限潜能。"天使姐姐对慧婉点了点头，继续说："最终四维归一，人会从痛苦中解脱，回归空性，空性就是让人的潜意识'归零'，只有'归零'，人才能够发挥自己的所有潜能并释放吸引力。”

慧婉被这番话震慑到了：“我之前完全听不懂这些古人的智慧，觉得好像是念经一样。按姐姐说的意思，如果我能够开始觉察万事万物的空性，不带‘有色眼镜’去看世界，很多事情的发展还是有转机的，对吗？”她眉飞色舞，好像看到了某种希望。

“人类定义的好坏、黑白、多少，都是二元对立的产物。世界的万事万物都有能量，用量子力学的一个观点来说，可以把能量理解成一种振动频率，每一个物质都是由能量组成的，都有它独特的振动频率。”天使姐姐解释道。

“那我们的想法、情绪也是一种能量的振动吗？”慧婉好像开窍了。

天使姐姐微笑着赞同道：“能量也被划分为正面能量和负面能量，正面能量会让人感受到喜悦、丰盛、富足，而负面能量则会让人处于堵塞和压抑的状态。”然后，天使姐姐又指了指最上面的小黑点说：“这里是事物核心的本质，也是唯一的真相。看见它，先别去发展它，只有当你开始让正面能量流动，将负面能量释放的时候，才可以觉察、回归空性，看见自己更多的可能。”

“道理我都懂，可一想到陈默不回我信息，想来就来想走就走，还有那平时对我爱理不理的态度，我就控制不住地痛苦，沉湎其中，难以自拔。”慧婉不留心突破了自己的羞愧防线，终于说出了她老板就是她的“非正式男友”，开始对天使姐姐敞开心扉。

“你想在这段关系中寻找什么呢？”天使姐姐的问题直击慧婉心房。

“他其实非常符合我理想中完美老公的标准：有决策力、有抱负心，而且事业成功，我真的不介意他离过婚，但我觉得他好像有离婚阴影，所以不愿意过多地投入到感情里，我们的关系挺拉扯的……”慧婉尝试要解释清楚这段关系，又感觉自己面对它的时候有点词穷，不知道要怎样形容。

“你，在寻找什么？”天使姐姐简明扼要地重复问。

“我想要他能多陪陪我，在我需要的时候出现……他要是能多用点心，我觉得我们俩其实挺般配的……”慧婉觉得自己说来说去，也没有回答天使姐姐的问题。她突然联想到自己冥想时候的感受，那是一份温暖的关怀和陪伴，所以脱口而出：

“我在寻找爱。”

天使姐姐会心一笑，说：“爱能化解一切，但无论大爱小爱，或男女情爱，前提都是先能无条件地爱自己，独善其身，才能有爱满溢出来去滋养别人，流向万物。”

慧婉一边点头一边赞同道：“姐姐说得很对。我更应该学会的是怎样好好爱自己，我把太多的关注都给了他，留给自己的都是等待和伤感。刚才在冥想的时候和内在小孩联结，内心陪着自己，坏情绪好像都被清理掉了，冥想让我感觉好多了。”慧婉顿了顿，接着提出疑问：“刚才说，回归空性，就可以看见更多的可能。那我该如何应用到生活里呢？”

“就好比我们面前的这张桌子。”天使姐姐轻拍了一下茶几说，“是什么让你看见这张桌子的呢？”

“当然是我的眼睛。”慧婉想都没想就回答。

“没错，这是‘你的觉’将桌子这个物体的信号传递给你，但正是有空的存在，你的眼睛才会捕捉到这张桌子，因为桌子在这个房间里，这个世界你所看见的一切都是因为空而生的，你和桌子之间的那个东西，就是你需要了解的真相。所以，看见了桌子，就是你的觉，而传递给你的觉的那个东西，其实就是空。”

“在你体验与这个物质世界相互交流的过程中，还有两个东西，一个叫‘意识体’，也就是说，所有有形、有相的物质，都是通过你的意识体创造的；而决定你看见了什么，以及怎样理解这个事物是另一个东西的，是心体。你看见了桌子，是觉被意识体感知到后由它主导产生的行为；而你看见了怎样的桌子，则是心体主导的。人的本自具足，是觉的本性具足，而意识的自由是本性具足的表现形式。”

慧婉困惑地问道：“这样说来，很多问题的解决办法，就是要用觉去引导意识？”

天使姐姐点点头，说：“可以这样理解。如果用意识主导觉，那就叫‘向外求’，而反过来用觉去引导意识，就是‘向内求’。用刚才的例子说，你看见了眼前的这张桌子，是因为你的意识在主导你的觉。”

慧婉似懂非懂，不知道自己晃神到了什么地方。

“是不是有点越说越糊涂了？”天使姐姐看出了慧婉听得心不在焉，就停下来。慧婉回过神来，让天使姐姐再给她举个例子。

天使姐姐想了想，接着说："简单说，让你与别人的能量相联结的就是这个空，如果你站在一体的角度去观察你和你的周遭，比如你的原生家庭的父母、你的爱人，无论是谁，你都会发现，你身边所出现的所有人都是你。"

慧婉觉得有点像在听科幻小说，诧异地问："那能不能让那些我不喜欢的人都消失呢？"

天使姐姐笑笑说："想想，当你再次遇见你不喜欢的人，或者很特别的人的时候，你将这个意识投向于空，你就不会因为自己的想法而产生'喜不喜欢'的执念了，既然没有二元对立，你就不会再痛苦了，从而爱就诞生了。因为是空将你与这个人联结，所以，你不会因为你所使用的情绪，去对他做出什么反应，这个时候，真正的你就变成了你与他交往的过程。比如，此时此刻的我，就是当前所经历的一切，在我讲话的此刻和在你倾听的此刻，我们是一个整体。当你有这样的自我觉察后，久而久之，你生命的觉性就会增强。"

慧婉听完豁然开朗，如置身于深山之中，眼前的云雾褪去，看清了山的本色一般。临走的时候，慧婉满足地带着天使姐姐留的两个实践练习离开了。

疗愈心语

我们可以想象人体就像一台不断运转的机器，而这台机器从我们出生开始，一直到今天，不断地接收外界的能量，同时内化循环，通过积累产生能量并形成我们独有的气场。

我们身处在一个二元对立的世界中，能量被划分为正面能量与负面能量，正面能量为我们带来积极和充盈的感受，而负面能量会使我们的身心感受到痛苦和压抑。负面能量几乎都来自情绪、信念系统和大脑思维模式导致的各种连锁产物。追求正面能量是好的，但负面能量无法逃避或抹除，这就需要我们不断地觉察并有意识地让它流动，从而最终释放。

如果将日常生活定义为一种能量投射的过程，那每个人都在有意识或无意识地投射某种能量到某个人或某件事身上。比如，在成长过程中，父母的谴责、愤怒、误解，粗暴的言语等这些负面能量，都会在我们看、听、思考、交流或行动的过程中形成影响，之后我们的能量又会投射回父母或者与外界能量的对接中去。当集体能量处于一种低负荷时，我们自己的能量会被瞬间拉低，也就是常说的受外界影响，这是一种集体性的影响联结。可以通过切断与集体能量的联结，比如远离不健康的原生家庭环境、做到心理上的独立、分散注意力做自己喜欢的事情等来稳定自己的能量。

人性的能量投射，不仅来自家人，还有可能来自同事及好友，我们会有意识或无意识地投射某些他们的想法、言语或情绪。假如没有觉知，我们便会间接地吸收他人投射到自己身上的能量。

比如，在精神饱满时，跟某个人聊了一会儿便感觉莫名的烦躁、焦虑，这是你的能量场正被对方所投射的意识占据，当你觉知到这样的负面能量时，就要在适当的时候终止这次交谈，并找个安静的地方稍做调整，可以做冥想练习重新清理和调整你的能量场。

需要注意的是，负面能量往往有很大的惯性，这是在成长过程中逐渐形成的，比如胎儿还在腹中时，就可以感受到妈妈的情绪，甚至可能形成创伤，正所谓“母子连心”。但无论现在所处的状态是怎样的，如果我们能保持纯粹的生命体验状态，像文中提及的那样去感受空性，那体内的负面能量就会流动起来，流动可以让负面能量快速转变，并循序渐进地消散。

举个例子。一盆火，如果我们不加柴，它的燃烧会逐渐减弱至熄灭。当负面能量来的时候，如果我们试图躲开它，就像有的人拿衣服盖住火焰，那样会冒出浓烟，把自己和周围人都熏得难受；如果我们去发泄或者满足它，就像焦虑感来了，有的人用喝酒去解决，有的人情绪狂暴不可抑制，这都是在添柴火，让这种负面能量越来越顽固。所以，我们要掌握好负面能量的释放方式。

而释放负面能量，最有效的方法是自我觉察。当我们自己独处或者身心处于比较平静、和谐的状态时，生命能量充裕，更容易自我觉察。自我觉察就是要“另眼”看待自己，从一个“旁观者”的视角去体验自己的身体所觉，内心所思、所感和当下做出反应的能力。自我觉察可以帮助我们清晰地看见人生中的问题，分析并解决问题。它是一个人解决几乎所有问题的“入口”。

冥想是一种生活方式，也是自我觉察的工具之一，它锻炼我们有意识地、不加任何评判地自我觉察，由此，我们被负面能量影响的程度就会降低，自身能量就会减少消耗，回归喜悦、平和的状态。

实践练习

1. 行为心理学的研究表明：21天以上的重复会形成习惯。也就是说，同一个想法或者同一种行为，连续重复21天，或者重复验证21次，就会最终变成习惯性的想法和行为。21天的自我觉察训练会帮助你检测到生活中的问题并找到答案，这也是爱自己的具体实践做法。我们可以从4个维度入手建立自我觉察，同时把冥想的练习融入日常生活中，并将自我觉察的真实体验填写在后面的自我觉察练习表中。

①对身体的觉察。跟身体联结，爱护自己的身体，觉察身体各个部分的感受。比如，早上起来脖颈不舒服，坐久了腿有些发麻等。同时，扫码练习身体扫描冥想。自行练习时也可以按照从上到下的顺序去觉察头部、面颊、脖子、躯干和四肢等。

②对念头的觉察。如果人无法觉察自己的念头，那一念之差可能会引发不可想象的灾难。主要做法是觉察自己的“内部语言”，很多第一反应是潜意识的输出，这个过程会帮助我们的潜意识意识化，输出正面能量，掌控事态发展的方向。

③对情绪的觉察。情绪会给我们的身体带来某种感受，甚至是非常强烈的感受，比如，愤怒时呼吸急促、心跳加快，或者郁闷时胸口憋闷，焦虑时手脚酸痛，等等。先去体验就够了，让情绪流动，逐渐认知到情绪背后的意义。

④对行为的觉察。也就是对我们的语言和“非语言”的行为，比如面部表情、肢体动作等进行觉察。这是我们向他人传递信息的渠道，同时检测这个信息的传递是否与想要达到的目的吻合。

自我觉察练习表

自我觉察	身体	念头	情绪	行为
第1天				
第2天				
第3天				
第4天				

续表

自我觉察	身体	念头	情绪	行为
第5天				
第6天				
第7天				
第8天				
第9天				
第10天				
第11天				
第12天				
第13天				

续表

自我觉察	身体	念头	情绪	行为
第14天				
第15天				
第16天				
第17天				
第18天				
第19天				
第20天				
第21天				

2. 扫码练习负面能量清理冥想。

第09章

雨夜狂奔：内在小孩的报复

自从了解了这些圈圈点点，慧婉感觉自己浅学了些“宇宙真相”。她每天早上起来都觉得很轻松，看见路边的花花草草都面带微笑，好像放弃了一直令她痛苦的渴望“被爱”的索求，越来越会爱自己了。想必是因为她最近开始觉察自己的身体。前段时间总是无缘无故的疲惫、没精神，没人陪伴的夜晚刷手机刷到很晚才睡，而最近几天早早关机，不到11点就睡了，可能真像天使姐姐说的，负面能量被释放了。

今天一大早刚进办公室，慧婉就觉得同事看她的眼神有点奇怪，王闻在办公室的一角和几个同事在说着什么。没等慧婉坐下，就听他叫：“刘慧婉，老板找你。”

慧婉问："你知道是什么事吗？""老板让你来了就过去，肯定是急事啦。"王闻在一旁故弄玄虚地说。

慧婉敲开陈默办公室的门："老板，你找我？"偌大的办公室，她不知道眼睛该看向哪里，也不敢抬头正视陈默。眼前的这个男人就像一个最熟悉的陌生人，让她觉得浑身不自在。慧婉心里暗自想："为什么我现在一见到陈默，就能感觉到负面能量？"

"坐吧。"陈默看慧婉的眼神，好像和她什么都没有发生过。陈默直入主题，问道："你知道谭经理公司——我们的大客户，被张勇挖走了吗？""什么？谭经理那边？我们都签好合同了啊。"慧婉不太相信自己听到的话。

"合同你重新核对过吗？"陈默的语气很平静，好像知道里面的端倪。

"合同都是王闻那边出的，最后也是他归档的。"慧婉脑子一团乱，没想到自己辛苦签下来的客户竟然被张勇这个有前科的"惯犯"抢走了，反而自己是公司里最后一个知道的。

"王闻已经和我说了事情的来龙去脉，不管谁做错了，这件事给公司造成了巨大的损失……你手里的客户，目前先转给颜可欣对接，她在业务方面比较老练，能帮到你。”陈默一边在电脑前打字一边转头跟慧婉说。

听完这话，慧婉一肚子气，愤愤地想：“这不是要在业务上架空我吗？”所有的委屈、埋怨和愤怒一起涌上心头，好像在胸口堵了块大石头，她呼吸不畅，感觉有点头晕，过去几天的好心情瞬间化为乌有。慧婉觉察到自己的情绪，想着事情已经成定局，等弄清楚来龙去脉后，再私下找机会跟陈默说清楚，所以当下不再辩解，只是无力地点了点头，推开门离开了陈默的办公室。

慧婉像丢了魂一样走出来，来到自己的办公桌前坐立不安，恶狠狠地盯着王闻和颜可欣，知道他们两个肯定是串通好了。慧婉忍住万丈火气，质问王闻：“明明是你的责任，凭什么赖在我身上？”声音还有点发抖。“怎么了？老板跟你说什么了？”王闻表现得毫不知情。

慧婉觉察到自己的手心在冒汗，不自觉地攥起拳头，真想挥拳过去砸烂眼前的一切；但同时她意识到这样做不仅不能帮她解决冲突，反而会让事态更加失控。

“别演了！”慧婉愤然地回了句，心里想着在气头上争论无济于事，办公室这群虎狼之辈，真是可怕得要命。她感觉自己在这个办公室里无处立足，距离下班时间的几个小时就像一个世纪那么长，她默默地坐在椅子上盯着电脑发呆，心中一万个想法，却一句话也没说，她早已无心工作。

下班后，她快速逃离“现场”，走出办公楼后慧婉长舒了一口气，心想，还好自我觉察让自己没做出一些冲动的行为，毕竟工作对她来说，几乎是生活的全部。不光是王闻和颜可欣的行径令她发指，最让她难过的是陈默对她的不信任，那连解释都不想听的态度，让她的情绪跌入谷底。

慧婉和往常一样穿过一条小路去地铁站，在上海的梅雨季节，空气又湿又闷，她急着回家，快走了几步，就像一只受伤的小鸟，想赶快回到自己的巢中舔舐羽毛下的伤口。天空淅淅沥沥地下起了小雨，慧婉看见前面有一对熟悉的身影，她眨了眨眼，确定自己没看错——是陈默和颜可欣，两个人说说笑笑，勾肩搭背，一副你侬我侬的模样。

慧婉怔住了，感觉两条腿像被灌了铅，沉重得迈不动步子。这突如其来的一幕，像一把极其尖锐的刺刀扎入她的心窝，她听到了心滴血的声音。这再不是简单的欺骗和背叛了，这分明就是残忍的剥夺，让她对工作、对爱的所有付出功亏一篑，身体好像被挖空一样。她下意识地往后退了几步，想把自己藏在角落里，一刹那，她看见了自己内心的那个柔弱、无助、受伤的小孩，浑身起了一层鸡皮疙瘩。

慧婉没有任何预兆地大声喊出老板的名字：“陈默！”她不知道自己哪来的勇气，就连上午陈默冤枉她的时候她都没抗议一声。

陈默和颜可欣同时回头看见慧婉，他们彼此对视了一下，颜可欣不愧是身经百战、会审时度势的职场“一枝花”，觉得事态不对劲儿，轻轻说句“老板，那我先走了”，就一只手臂遮着雨跑开了。

慧婉快步上前说：“我现在终于知道，你为什么从来不公开我们的关系。”一肚子的苦水，像湍急的瀑布一般一股脑儿地倾泻下来，“三年了，你从来都没有爱过我，都是逢场作戏，我只是你为了搞定那些客户用的一粒棋子！”慧婉的泪水混着雨水一起流了满脸，头发完全被打湿了，表情扭曲得没了模样。

慧婉不敢苛求陈默能抱抱自己，但她多希望他能解释两句，哪怕亲口告诉她，他从来没有爱过自己，那也是一种释然，可以让她在内心做出某种决定，可是……陈默抿着嘴唇，欲言又止。

出了办公室的陈默，此时此刻在她眼里变成了一个哑巴、一个爱情的懦夫，她的心痛得想把面前的这个男人撕得粉碎，如同她童年看见的沾满血渍的玻璃碎片。她失控地用双手搓着自己的发根，放声大哭，发出了绝望的尖叫声。

三年了，这段关系一点点侵蚀着她的心，本开出的小小花苞因冷漠和拒绝一点点枯萎，一点点腐烂，直至发臭……她已经无法觉察自己的身体、念头、情绪和行为了。慧婉像失了魂一样，头也不回地狂奔而逃。

到了家，她已经没有力气再流泪，她觉得自己没有价值感，对很多事情失去了兴趣，已经不想要工作、不想要爱情了，她瘫在床上，妆也没卸就昏昏沉沉地睡着了……她走向荒草丛生的悬崖边，看着下方的空谷，觉得很坦然，刚想要纵身起跳，一个小孩从背后抱住了她，这小孩大概5岁的模样，两行泪挂在脸上，对她摇摇头。

“这不是你想要的吗？你不就是想报复我吗？”慧婉对小孩说。小孩恳求的表情示意慧婉别做傻事，紧紧地拉住慧婉的手。

可慧婉甩开了她，大声说：“我不爱你。”然后纵身一跳……慧婉在快速的跌落中惊醒，她猛然睁开双眼，气息急促，头晕眼花，心跳加快。“还好，只是一场梦。”随后慧婉叹了口气，又重新闭上眼睛。

第10章

为什么我总是闷闷不乐：化解负面情绪

“真希望这一切从未发生。”慧婉心想，“是我的负面能量太强了吗？我真的不爱自己吗？还是这个世界一直在给我出难题？如果宇宙的真相是空性，那一定是我带着‘有色眼镜’在看待这一切。一定是有什么事是我能做的，或许我可以试试跟我的内在小孩沟通。”

慧婉今天并没有像往常一样，一睁眼就从床上跳起来赶着去上班，反正去了也是不愿意面对的人和事，她索性又重新闭上眼睛，回味刚才梦里发生的一幕，然后只关注自己的呼吸。她发现只要有意识地调整，呼吸确实会慢下来，身体也跟着放松，难得的是头脑也安静下来了。她想找到刚才的那个5岁小孩，或许小孩能和她说点什么。

呼吸渐渐变平稳后，慧婉在内心看见了刚才那个小孩，这次小孩已经擦干了眼泪，看似早就在不远处等着她。慧婉犹豫着，突然不知哪来的勇气小声地对那个小孩说："我只想说，对不起，我真的无意伤害你，让你担惊受怕了。谢谢你，一直陪着我，我应该好好保护你。我会学着爱你……我爱你。"小孩仔细听着每一字每一句，还没等慧婉说完就朝她跑过来，她们紧紧地拥抱在一起。

"是呀，爱自己好像并不难——好好照顾自己的身体，觉察自己的念头、情绪和行为就行啦。"慧婉自言自语道，一边在自我觉察练习表中依次填入对应项，一边又不禁浮想联翩：办公室的人抱团跟自己作对，工作也快丢了，眼睁睁地看着自己倾注全部希望的爱人被别人"抢走"，人在他乡而身边一个能称为朋友的人也没有……这一件件事真让人高兴不起来。她放下笔，跟着引导语音做了负面能量清理冥想。冥想后慧婉觉得胸口很堵的感觉没有了，整个人很放松，但这并未从根本上消除她内心的困惑，慧婉觉得自己无法一个人面对这些，她已经迫不及待地期待和天使姐姐的下一次会面了。

慧婉走进天使姐姐的工作室，天使姐姐似乎已经静候多时了。慧婉说出了内心的困惑，然后迷茫地问："姐姐，人真能把**负面情绪**都清理掉吗？"

米歇尔和詹姆斯在《情绪心理学》里这样定义负面情绪："心理学上把恐惧、愤怒、厌恶、悲伤、尴尬、羞耻和内疚等情绪统称为负面情绪。此类情绪体验是不积极的，身体会有不适感，甚至影响工作和生活的顺利进行，进而有可能引起心理疾病，消耗体能，降低免疫力和自愈能力。"

天使姐姐坚定地说："有负面情绪其实也是一件好事。"

慧婉的眼睛一下亮了起来，"但我太难过了，这两天胸口堵得慌，有点头重脚轻的感觉，虽然冥想练习后会有改善，但是这种状况总会反复出现。"说着说着，慧婉觉得对自己的身体反应好像比以前更有觉知了。

天使姐姐能够感同身受慧婉的痛，她拿出一张纸，在上面画了三道门，第三道门后是一束光，然后安慰慧婉道："你已经推开了一道门。"

显然慧婉已经跟上了天使姐姐的思路，天使姐姐接着说："我们的情绪系统是人体生理系统与认知系统交叉结合的一部分，你无法压制它，也不可能‘堵’住它。”

慧婉默默点头，觉得自己离焦虑症不远了。慧婉看到这三道门，急切地想要冲进去，她觉得自己现在的状态可能就卡在第二道门口，负面情绪无法流动，占据了她的整个身体。

“人的天性是喜欢思考的，但大多用脑没用心。而大脑常常会给人设下陷阱，负面情绪是人潜意识的重播。你还记得上次画的那个冰山图吗？”天使姐姐关切地问。

慧婉当然对那张图印象深刻，她想起那深藏水底95%的部分，说：“所以，我们的念头往往带着过往记忆的烙印，就算马上去反思问题，也会有种头撞南墙的感觉。对，这就是我现在的感觉。”

“所以我刚才说负面情绪是好事。”天使姐姐莞尔一笑，“因为它在提醒我们有些方面出了问题，需要调整。但在调整前，也就是来到第三道门前，我们需要对这些负面情绪做加工处理。”

慧婉不自觉地把身子往前凑了凑，竖起耳朵听着，天使姐姐接着说：“第二道门就是接纳情绪。这也是很多人忽略的地方。”

通往光明
改变认知
接纳情绪
第二道门
第三道门
自我觉察
工作
生活
家庭
情感
第一道门
无明世界

“什么？我没听错吧？”慧婉质疑道，“负面情绪让我身心俱疲，现在你让我接纳它？”

天使姐姐看出了慧婉的疑惑，接着说：“拒绝、逃避和压抑这些负面情绪，表面上看起来比接纳更容易，但是所有被你拒绝、逃避和压抑的情绪都会积累起来，在日后到达情绪抑制的阈限时，它们将以更加猛烈和更具有破坏性的方式爆发出来，尤其是当我们遇到重大事件的时候，会表现出焦虑、抑郁和躁狂。”

慧婉的眼泪忍不住流了出来，沉浸在自己的伤痛中：“接纳……我觉得会让我更痛苦，怎么接纳呢？”

“试试用你的**呼吸**。”天使姐姐的话给了慧婉一丝希望，因为在最初几次练习冥想的时候，她发现呼吸确实能够让她平静下来。

理查·布朗和柏崔霞·葛巴在《呼吸的自愈力》里说：“很多心理疗法会用呼吸帮助来访者调整情绪。人体自主神经系包含两部分：交感神经系统是身体的加速器，而副交感神经系统是减速器，这两个神经系统互相合作，负责身体的能量分配，一个负责促进能量消耗，另一个负责节约能量消耗。”

在瑜伽和冥想的练习中，我们需要把注意力放在呼吸的方式和节奏上，深而长的呼吸刺激的就是副交感神经系统。这样可以帮助我们缓解紧张和压力，舒缓焦虑的情绪，使心脏的后负荷减少，并改善失眠症状。

“在调节呼吸的时候去感受我的情绪，不会让我越陷越深吗？”慧婉还是没能完全理解。

“在觉察呼吸的过程中，安住在你的情绪里……”天使姐姐话音未落，慧婉心有灵犀地接话：“看见它，不去发展它，让它流动。对吗？”

天使姐姐笑着点点头，让慧婉学着自己的模样，把右手放在胸腔上方，把左手放在腹部旁侧，然后说：“尝试用你的鼻子呼吸，深深地吸一口气，感觉你的胸腔上抬，肋骨扩张，腹部微微鼓胀、横膈下沉，再用鼻子呼气，横膈上浮，腹部回收，肋骨回收，胸腔下沉。”

《呼吸的自愈力》里还提及:“完全式呼吸结合了胸式呼吸和腹式呼吸，能提高机体氧气的摄入量，可以轻柔地按摩身体的内脏器官，充分利用肺部的全部功能，吸入的氧气量达到平常的三倍，让心的回血量增加。”

慧婉觉得自己快喘不上气了，呼气又浅又短，但通过调息，她确实觉察到自己比刚才平静了很多。

天使姐姐轻声说:“呼吸的同时去觉察，你体内的负面情绪留存在身体的哪个部位，可能是你的脖颈、肩膀，也可能是你的胸腔、腹部。哪里有不舒适，就去关照哪里，然后在下一次呼气的时候，将这些负面情绪吐出体外。”

慧婉好像找到了点感觉，觉察到那些被激发的情绪在释放，而没有再恶化。

天使姐姐肯定了慧婉的做法，继续说:“接纳这些负面情绪就是允许自己悲伤，允许自己愤怒，允许自己的任何情绪，但不去助燃这些情绪。”

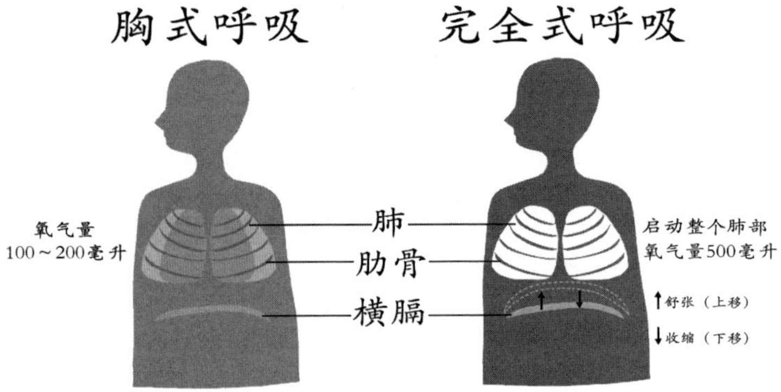
胸式呼吸
完全式呼吸
氧气量
100～200毫升
肺
肋骨
横膈
启动整个肺部
氧气量500毫升
↑舒张（上移）
↓收缩（下移）

最后天使姐姐给了慧婉一个自我疗愈书单，并告诉她在这些书里能找到开启第三道门的钥匙。随后便示意她咨询已经结束了。

《当下的力量》

《清醒地活》

《生命的重建》

《一念之转》

《与神对话》

疗愈心语

人本来就是一个复杂的综合体，人的情绪也是复杂多变的。正是有各种不同的情绪，我们的体验才丰富，生活才五彩斑斓。所以，我们要接纳情绪，与自己复杂的情绪，尤其是负面情绪和平共处。让情绪在可控的范围内，而不是试图拒绝它、压抑它或消除它。正确的处理方法是认知情绪、接纳情绪，让情绪流动，逐渐清理负面情绪，并将它转化成正面情绪。

在此之前我们要树立一个认知：我们无法控制生活中的每一件事。

很显然，如果我们无法透彻地了解这个世界正在发生的每一件事，那我们也无法控制事情发展的走向和结局，但我们可以选择，也就是用我们的意识去选择自己想经历的事，在每一个关键节点做想要的选择和努力。除此之外，我们必须学会放手，不去管你经历的事情结果怎样——是否会实现，或怎么实现、何时实现，对事实和结果臣服才是关键。

我们可以通过正确的方法疗愈过去发生的一切。无论现在的生命中出现了怎样的困惑和问题，我们要知道每一个负面情绪背后都对应着一个或者几个错误的认知，而纠正认知的本质就是对过去疗愈，因为它现在以某种问题的方式出现在我们的感知范围内。也就是说，如果感觉得到它，我们就要疗愈它。哪怕在别人身上看到它，而别人的问题让我们感到困扰，我们也要疗愈它。也许我们不明白为什么问题会出现在我们的生命里，或者它有怎样的来龙去脉，但我们现在需要做的就是对问题放手，因为我们已经觉察到它了。在这个过程中对过去疗愈得越深刻，就越能轻而易举地实现自己的期望，因为我们释放了堵塞的能量，而这些能量可以被用来创造其他事。

此外，我们要学会对经历的一切负所有的责任。虽然发生在我们生命中的事并不完全是我们的错，但那一定是我们的责任，这种责任除了包括我们所说、所做、所想的一切，还包括出现在我们生命中的其他人所说、所做、所想的一切。如果我们对出现在生命中的一切负起百分之百的责任，那么当别人发生问题时，那个别人的问题也是你的问题，从根源疗愈、解决自身的所有问题才不会被别人轻易影响。

同时，对于我们当下的遭遇，不要在寻找原因的过程中，怪罪过去的任何人或事，我们所能做的就是负起责任。所有经历都是我们生命中的一部分，要接受它们，并用心地拥抱它们、爱它们，疗愈的程度越深，就越能与生命本源相连。

负面情绪其实是个很好的“警报器”，提醒我们在有些方面出了问题，需要调整。我们先要分析问题是来自内在的还是外界的，先解决认知问题。人一生中不可能每个期望都能达到，这是客观事实。在“不如意”的时候，我们常听到身边的人开导说：“人生不如意，十之八九。”其实，冷静地思考一下，确实如此，人人都有不如意，事事都可能不如意。即使看到某个人总是春风得意，那也只是他的不如意没有被我们看到而已，不要以为命运对自己不公平。

每当感知到负面情绪时，我们都可以用瑜伽呼吸法让情绪跟随着呼吸流动。当我们安住在情绪中时，加深和延长呼气。这时，先把注意力放在情绪淤堵的地方，随着吸气的加深，然后持续不断地往外呼气，身体淤堵的感受变得越来越轻。持续练习几分钟后，我们会感觉到彻底的放松。在这样做的时候，潜意识里面有些“根”就可以被拔除。因为到了这个程度，我们不再是在无明的状态下分析问题了，潜意识里面新植入的内容开始起作用，等问题和自己内在的关系厘清了，下次再面对这样的事情，你就不会感到烦恼，而是自然地、有经验地开始用意识的智慧来解决问题。

人接触美好时心情愉悦，接触丑恶时心情不快，这是人的感知系统决定的。如果一个人对外界完全没有反应，那他只可能是处于一种麻木的状态，这样必然导致内分泌系统的问题和更严重的心理疾病。所以，管理情绪的本质不是消除负面情绪，而是不让负面情绪影响到决策和行为，要去释放负面情绪，使自己能够用理性去思考和控制自己的行动。

就像前文提及的，我们要学会让自己安住在当下的情绪中，不要将情绪放大。如果给负面情绪不断加油、不断放大，堵住的气就会越来越强烈，脸就会开始发红，开始想把负面情绪表达出来，想与外界争辩和抗拒，等等。但是这样做，对身体的健康没有任何益处，对潜意识也没有任何正面贡献。为什么要安住在情绪里呢？安住在那儿的作用，是可以保持没有分心的状态，把堵住的气（或能量）释放。在此过程中，那个被影响或者说被激发的情绪不会再发展了。当然，并不是说安住三分钟、五分钟或几分钟以后，在很放松的状态下，情绪就会自己消失。不会的，情绪还会在那儿，但已经不再紧张了，也没有变得更强了。

不管多么悲伤，多么愤怒，多么恐惧，我们的行动和选择都是由理性思维做出的，而不是由情绪驱使的。这样我们就成了情绪的主人，而不是让情绪成为主人。

实践练习

在和内在小孩对话的过程中，你可以借助身边的实物比如抱枕等，将内在小孩具象化并配合冥想练习。拥抱是人对于爱最直接的表达方式，只是大多数人对于爱的表达要么是内敛的，要么完全不擅长，甚至对于拥抱的感觉都极为陌生。在你感觉特别受伤，或者有任何负面情绪流露的时候，用抱枕来做内在小孩，可以更好地感受这种拥抱和温暖的感觉，表达你对内在小孩的爱、关怀和陪伴。

内在小孩抱枕疗法的五步引导如下。

第一步：准备抱枕。准备好一个你喜欢的抱枕，将它抱在怀里。

第二步：呼吸调节。调整呼吸的节奏，从浅短的胸式呼吸模式转变成完全式呼吸，感受呼吸变得有规律，逐渐减缓而变得深长。

第三步：内在小孩冥想。大脑专注后，尝试通过冥想联结内在小孩。在冥想过程中有意识地觉察你的内在小孩，你脑海里会出现一个几岁的孩子（五六岁最好）？一晃而过的画面是什么？最先跳出的记忆是什么？发生了什么？你在干什么？你身边有什么人？他们在做什么事？说什么话？对你是什么态度？你是如何反应的？在你很小的时候，他们用什么态度对待你？你是一个懂事的孩子，还是一个和他们作对的、叛逆的孩子？你的父母在你不听话的时候是怎么对待你的？你又是什么态度？……这里可以根据自己的情况添加任意情节，并让情绪自然流动，不加任何主观批判。

第四步：和抱枕共处45分钟左右，看着它，像在看着内在小孩一样和它说话，倾诉你的全部爱意，并产生同理心，尝试平缓情绪，用完全式呼吸让情绪逐渐跟着呼吸而释放。注意，对你的内在小孩要有耐心，用接纳和爱引导他。

第五步：记录日记。在疗愈日记本中同时记录下你们的对话内容和练习感受。

第二部分

重建安全感和价值信念

第11章

天下无不是的父母：唤醒内在小孩

“回哈尔滨待一段时间吧？”慧婉的妈妈语重心长地在电话里说。

“你不是要出去泡汤吗？而且我也没空。”慧婉寻思着每次回家她准会和妈妈吵架，还不如不回去，不都说距离产生美嘛。

她其实很少回老家看望妈妈，和很多从二三线城市来上海的打工人一样，大都市的忙碌和压力几乎占据了她生活的全部，被感情伤透了心，遍体鳞伤，朋友少得可怜，有几个刚来上海时交的朋友，也因为大都市的流动性各奔东西了。上海工资高，消费也高，攒不下钱，回去没什么有价值的东西带给家人，还常被大舅妈他们窥探隐私和催婚。和那些一起长大的表妹表弟们，也几乎说不上话，现在只偶尔跟妈妈保持电话联系。她觉得家人就默默地守候在那里，不联系也没什么大不了的。和爸爸更是早已完全断了联系。

慧婉妈妈在离婚后，感情接二连三遭遇不幸，不拿慧婉撒气就不错了，哪有空顾及她的感受？每次都是慧婉先拨电话给妈妈，最终还会因意见不合不欢而散。

“回来吧，又一年过去了，我能活到哪天都不知道呢，你大舅给咱家送来了走地鸡，正好等你回来给炖了。”妈妈在电话那头的声音，听起来就像她小时候热切渴望妈妈在电话里告诉她，会回姥姥家看望自己的声音。这声音仍旧让她充满期待，难道是……被爱的期待？慧婉“嗯”了一声，就挂了电话。

正好赶上周五，慧婉“抱病”跟王闻请了一天假，连休三天，带着失恋般沉重的心情登上了回哈尔滨的飞机。

家里变化不大，慧婉坐在客厅里有种熟悉的陌生感。每次慧婉想说点什么，总被妈妈抢了话：“你看我的腿，现在肿得厉害，还有点发痒，青一块紫一块的，这静脉曲张太不容易好了……”“你兰姨家儿子欠了一屁股债，她妈要把房子卖了给他还钱，真愁人……”“昨天我去菜场，买柿子时跟老板想多要一个，他硬不给，这么抠，下次不去他家了……”慧婉一边点头，一边附和着妈妈的话题。

慧婉正打算进卫生间洗头，就听见妈妈劈头盖脸地来了一句：“你瞎了？！都给你准备好了袋装的洗发水，怎么还打开一瓶新的呢？”

慧婉听了就气不打一处来，喊着回应道：“我就不该回来。”说完把门摔上，头也没洗就把自己关进了房间。

“不是说天下无不是的父母吗？难道是我哪里做错了？”委屈、愤怒、悲伤就像带着尖锐边缘的盐粒撒在慧婉还未疗愈的伤口上，霎时她的呼吸变得浅短而急促，气堵在胸口，感觉整个人就像马上要爆炸了一样。慧婉想打开房门和妈妈痛痛快快地吵一架。

气急败坏之时，她想到天使姐姐的话：“我们如何看待过去原生家庭给自己造成的伤害非常重要，你为这些‘伤害’赋予什么意义，会决定你是放下，还是一直紧握不放。”从听到这些话的时候慧婉就对自己说，试着不被“伤害”禁锢，因为她发现三十几年过去了，妈妈和她的沟通方式始终都是这样，而且她从来没吵赢过。这些“伤害”对她的意义就是：成长，变成一个更好的人。

想到这里，慧婉闭上眼睛，耳畔隐约响起了天使姐姐的声音，“调整呼吸的同时去觉察……”慧婉觉得这段时间练习冥想，自我觉察好像没有想象中那么难了，她似乎真的可以从上次姐姐画的那第一道门走进去。

慧婉心里想着：“我应该离那束光不远了。好吧，让我试试。”她顺手拿起了床头的抱枕，开始有意识地放慢呼吸，可在真正遇到麻烦的时候练习天使姐姐教的完全式呼吸，并不像想象中那么轻松，尤其是刚跟妈妈赌完气，总感觉胸口像压了一块大石头。不过，慧婉刻意地用鼻子吸气、呼气，她觉得至少身体开始放松下来了。只不过越想专注呼吸，越有各种稀奇古怪的念头造访，几次调息、呼吸加深后，整个世界突然出乎意料地静止下来了，慧婉环抱抱枕，闭上双眼。

这次慧婉看见了一个纯真无辜的小孩，5岁左右，正睁着大眼睛看着她，她刚想向小孩走近，小孩身后突然出现一团黑色烟雾将她吞噬。小孩将脚跳离地面，使出全身力气挣扎着想摆脱，无奈小孩的身影越来越小，黑色烟雾越来越浓……

“你要做什么？放开她！”慧婉大声地告诫小孩身后那股

暗涌着的黑色烟雾，并朝着小孩的方向跑过去。慧婉突然感觉自己分身了，身边出现了好多个自己，而其中一个领跑的自己的眼神是那么坚定和勇敢，没有任何畏惧。慧婉跟随着这个领跑的自己，来到小孩面前蹲下来。

这时黑色烟雾将小孩迅速地吐出，“嗖”的一下不见踪影。

“我不会放弃你的。”慧婉看着小孩说，“对不起，我来晚了，让你担惊受怕了。”

小孩用稚嫩的眼神看着慧婉，低下头开始抽泣：“我以为，你不爱我。”

“那……那不是真话，我这不是来陪你了嘛！对不起，我忽略了你的感受。上次，我说不爱你是气话。嗯，怎么告诉你呢，人在生气的时候说的话不能信。”慧婉看着小孩，两个人都撇撇嘴浅浅地笑了。

“你不在的时候我也挺好。只是有时候会遇到麻烦。”小孩俏皮地撅起小嘴。

“你在我面前不用假装坚强，想哭就哭，想笑就笑呗！我不会离开你的，我会永远陪着你。”慧婉真诚地看着小孩。

小孩上前一步，抱住慧婉。

“谢谢你，我爱你。”慧婉脱口而出。这句话惊到了慧婉自己，她睁开眼睛，看着从小长大的熟悉的环境，她很平静，气息也很平缓，整个人有种暖暖的感觉。

爱就是陪伴和接纳这些坏情绪，慧婉从这次冥想中找到了些许灵感。

“我做到了。”慧婉对自己说，带着淡淡的喜悦感，想必这情绪的第二道门她也可以顺利迈入了。甚至，她应该已经向第三道门又走近了一小步。

慧婉开始回想刚才和妈妈吵架的几分钟里发生了什么，想着“推开门”解决问题，但心里还在打退堂鼓，该怎样去收场呢？慧婉心里想：“妈妈对我说话的语气从来都是这样，但她肯定没有恶意。妈妈和姥姥一个样儿，老一代的育儿观念就是，治孩子调皮的方法，除了打就是骂。”

慧婉还在安慰着自己，忽然听见妈妈在厨房叫：“鸡炖好了，出来吃吧。”

第12章

看见另一个世界：转念的力量

在哈尔滨这些天，慧婉的情绪有些复杂。一方面，她觉得自己显然比以前更能控制住情绪了，另一方面，她觉得和妈妈的关系还总是有些“疙瘩”，好像抓挠蚊子刚叮咬过的包，越抓越痒的感觉。想想就有点煎熬，让人成长的疗愈探索之路太漫长了，甚至有点黑暗。慧婉想利用这几天的空档，翻翻天使姐姐推荐她看的书。

如果你的父母不懂得现状，不知道如何去爱他们自己，那么他们就不可能懂得如何教你去爱自己。他们只是竭尽全力地把他们在孩提时代学到的东西，依样画葫芦地教导给你。如果你想更多地理解父母，就应该更多地倾听他们童年的生活；如果你抱着同情心去听，你会了解他们的恐惧和严格出自何处。这些“对你实施如此方式”的人与你有着同样的害怕和惊恐。

——露易丝·海《生命的重建》

看完这段文字，慧婉恍然大悟：“其实……妈妈的表现好像比姥姥好多了。姥姥生了四个孩子后，就和姥爷分床睡，她没事就会训斥姥爷，平时对孩子的教养方式也是充满了批判，除了打骂再无其他，想必当时妈妈的内心也是和我一样，总怕自己哪里做得不好或者出错。但是，为什么她从来没有和我抱怨过姥姥姥爷？而且她一直是别人口中的那个‘孝顺’的长女，每次提及过往都是蜻蜓点水。妈妈是不是把这些火气都撒在我身上了？”

如果愤怒是痛苦之身的主控能量，而你思考了一个愤怒的思想，你沉湎在某个人对你的所作所为，和你打算如何对待他的时候，你就变成无意识的了。痛苦之身便乘虚而入，变成了“你”。愤怒的底层必然有痛在。

我把整个过程做一个总结：把注意力聚焦在你内在的感觉上，知道这是痛苦之身，接受它在那里，不要思考它，不要让感觉变成思考，不做批判或分析，不要从它身上为自己编造身份，保持临在，对你内在发生的一切继续当一个观察者。觉察你情感痛苦的同时，也觉察那个“尽享观察”的沉默的观察者。这就是当下的力量，你有意识的临在的力量。接下来就静观其变了。

——埃克哈特·托利《当下的力量》

读到这里，慧婉心想，还好上次没有因为洗发水的事情和妈妈继续对峙下去。天使姐姐的方法和这本书写的简直如出一辙，体验当下的感受，不去做任何分析，减少二元对立的批判，过段时间后，情绪和感受真的会有变化。

当你感到痛苦时，就把它看作能量。你大可以把这些内心体验看作能量，它们正通过你的心，从你的

> 意识之眼面前经过。然后放松并释放，而不是收缩和关闭。放松你的心，直到你真正面对内心的伤口。保持开放和接受，这样你就可以从容地面对令你紧张的事。你的意识必须愿意出现在紧张和痛苦的地方，然后放松，并往深处走。这将是非常深刻的成长和转变。但你肯定不想这么做，因为这么做会令你感到巨大的阻力，这就是为什么痛苦如此强大。当你放松并感受到阻力时，心就会想逃离，并关闭、保护和捍卫自己。这时你应该继续放松，放松你的肩膀，放松你的心。放手，留出空间让痛苦从你的内心通过。
>
> ——迈克·辛格《清醒地活》

面对我的内在小孩，算不算“愿意出现在紧张和痛苦的地方”呢？慧婉对这些词汇越来越熟悉了，感到痛苦的时候自己是被“负面能量”笼罩着的，好像越放松，越容易跟自己的内在小孩联结，痛苦的感觉好像波浪一样，涌上岸后就会退去，而且消失得很快。

“不过，面对痛苦的感觉并不好受，我内心其实很怕妈妈，怕她对我生气，也怕我哪里做得不好惹到她……如果我从小能有个更温柔的妈妈，是不是就会不同？”想到这里，慧婉有些无助。

> 这种基于怕的爱的现实统治着你对爱的体验，实际上，它创造了你对爱的体验。因为你不仅看到自己接受的爱是有条件的，而且你发现自己给出的爱也是有条件的。甚至就在你收回和保留爱，为其设下条件的时候，你心里也知道这其实不是真正的爱。尽管如此，你依然无力去改变自己派发爱的方式。你有过惨痛的经验教训，你告诉自己，要是再次敞开心怀、无条件地去爱，那就糟糕啦。然而真相是，你要不那样才糟糕呢。你本人关于爱的思维是错误的，却怪自己从不曾纯粹地体验到它。
>
> ——尼尔·唐纳德·沃尔什《与神对话》

慧婉越往下读越能找到共情之处：“原来我一直深陷在这种错误的思维中，用‘有条件’限定了爱的表达，而且时常会抱怨为什么自己得不到纯粹的爱。既然自己的思维是主观的，那关键是怎样能够判断我的想法是不是正确呢？”

1. 那是真的吗?

2. 你能百分之百肯定那是真的吗?

3. 当你持有那个想法时，你会如何反应呢?

4. 没有那个想法时，你会是怎样的人呢?

当我们执着于一个想法而这个想法又让我们痛苦的时候，我们就应该放下这个想法了。

——拜伦·凯蒂、史蒂芬·米切尔《一念之转》

情绪ABC理论是由美国心理学家埃利斯创建的，该理论认为激发事件A（Activating Event）只是引发情绪和行为后果C（Consequence）的间接原因，而引起C的直接原因是，个体对激发事件A的认知和评价而产生的信念B（Belief），即人的消极情绪和行为障碍结果C，不是由于某一激发事件A直接引发的，而是由于经受这一事件的个体对它不正确的认知和评价所产生的错误信念B直接引起的。错误信念也称为非理性信念、限制性信念。

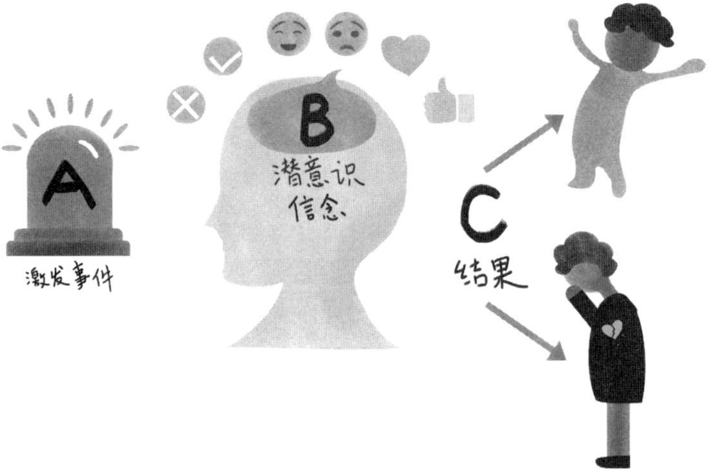
A
激发事件
B
潜意识
信念
C
结果

慧婉读着读着心里有点小兴奋，因为她觉得自己好像拿到了通往第三道门的钥匙。慧婉转念想："不管妈妈做了什么，她对我也没坏到哪儿去，她愿意照顾我，还给我炖鸡吃，至少让我身边还有个陪伴。"

疗愈心语

我们每个人每天会有大概6万个念头在脑海中此起彼伏，而真正促发我们的行为或者会让我们产生负面情绪的念头，是我们无意识间反复验证并深信不疑的。因为念头本身对我们并没有任何腐蚀力，除非我们对它抱有执念。当我们与自己潜意识中固有的信心合二为一时，就让自己成了别人口中的"某类人"。然而，让我们痛苦的并不是某个念头，而是这个念头已经成为我们自身的一部分，很难剥离，这让我们深陷痛苦之中，无法自拔。

当我们懂得我们的世界是自己"创造"的，一切都是从"我"而来的时候，就是在培养对自己的人生负责的态度，以取代任何坏事都要他人来为"我"负责的思维模式。如此，我们生命的质量才会慢慢提升，我们才会自己承担一切幸福与痛苦的生活，而不是推给他人，我们成为自己生活的主宰。

培养这样的思维需要一个过程，因为在过往的经历中，随着时间的推移，我们的错误认知不断地被巩固，由此不断地经历消极结果。当这种频率不断增加时，信念就会在思想中扎根，将我们吞噬。限制性信念会阻碍我们快乐/成功的想法和念头，限制我们的潜能发挥。

想要找到脑海中这些限制性信念并加以改善，我们要先学会在文中提及的C（消极情绪和行为障碍结果）中找线索，一旦我们在内心开始读懂自己的情绪，并学会用第一部分内容中分享的方法跟自己的内在小孩交流，我们就已经开始培养自己的觉察力了，我们会发现生活中那些引发负面情绪的事件，在学会总结和归纳后，大脑就会自动把它们分类并找到相对应的引发原因。

负面情绪就像是一座通往光明的灯塔，我们根据自己的情绪，可以清晰地看到自己的限制性信念，而这些念头就是你需要转念的对象。想必你有过这样的体验，当自己情绪不好的时候，会感觉胸口心脏的位置有一口气压着，这时就一定有一个或者几个负面念头和想法，那么这个或者这些让你感觉不好的念头就是转念的对象。转念就是从活在过去的限制性信念中转向看到无限可能的未来，并改变自身的感受。就像推崇积极心理学的阿德勒所说，真正影响我们心理和行为的，不是“事实”本身，而是我们对事实的解读。对人生的体验，一念之间而已。

相反，如果我们逃避、隐藏情绪，或者无法仔细觉察情绪，我们可能就会一直陷入埋怨触发负面情绪的人和事的旋涡中，直到找到根源自我疗愈，才能平复这样的负面情绪和感受，最终不重蹈覆辙。请相信，这些尘封在记忆里的感受，其实是我们最宝贵的生命礼物，因为它们在帮助我们认知生命的真相。

所以，可以肯定的是，我们需要转化的是我们深信不疑却错误的念头。加强觉知，认真聆听自己的内心，如实回答前文《一念之转》中罗列的4个转念问题，并通过情绪日历进行转念练习。

实践练习

我们自制一个有效管理情绪和潜意识的工具——情绪日历。

在疗愈日记本中，画一个11行32列的表格作为“情绪日历表”，也可以用书中的表格直接填写。把负面情绪，包括焦虑、紧张、愤怒、沮丧、悲伤、痛苦、烦躁、嫉妒、恐惧、失望，等等，填写在表格的第一列，也可以按照自己常有的负面情绪顺序填写，在表格的第一行标好从月初第一日到月末最后一日的日期，然后在剩下的表格中每天记录你所有的负面情绪得分（从1到10打分），并在疗愈日记本中记录下引起这个负面情绪的消极想法。

之后寻找这个消极想法属于哪类歪曲认知，也记录下来。最后尝试用积极想法，换一个视角，转念去解读引起负面情绪的这件事。在一天快结束的时候用心体会你的负面情绪是否有变化。

这个练习需要坚持至少一个月的时间。

情绪日历表

负面情绪/日期	1	2	3	4	5	6	7	8	9	10	11	12	13	14	15	16	17	18	19	20	21	22	23	24	25	26	27	28	29	30	31
焦虑																															
紧张																															
愤怒																															
沮丧																															
悲伤																															
痛苦																															
烦躁																															
嫉妒																															
恐惧																															
失望																															

第13章

一场变故：多维度建立安全感

这次慧婉从哈尔滨老家回来，感觉和往常不同。以往每次回家，她觉得妈妈总和她过不去，两个人总是拌嘴，互相找气受。而这次，她更能理解妈妈童年的遭遇和为什么妈妈会对自己有如此的教养方式，虽然谈不上“原谅”，但至少她不会因为与妈妈相处过程中的磕磕绊绊而像以前那么难过了。就像天使姐姐说的，不用原生家庭的错惩罚自己，让自己自由。

飞机降落后，她给妈妈发了条信息：“妈，你炖的鸡太好吃了，等下次继续。”末尾想加上一句爱的表达，因为不习惯，还是没能打出来。

信息刚发出去，妈妈就打电话过来，惊慌失措地说：“你飞机落地了？你爸……你爸他脑梗住院了……没抢救过来，人没了……”

慧婉听到耳边妈妈的哽咽声，但声音是那样的不真实，像绵密的泡泡溢到自己的耳朵里连续不断地发出回声，将她困在了一个巨大的密不透气的真空中。她完全不敢相信自己听到的一字一句，她突然觉得眼前看见的、手里摸到的，全都消失了，连自己的呼吸也有那么几秒停止了。慧婉还没有完全反应过来，就被妈妈的哭嚎声打断，“虽然我和你爸离婚了，但好歹也是曾经一起生活过的人，怎么说没就没了……”电话另一头连绵的抽泣声，让慧婉确信这是铁定的事实。

刚挂断电话，慧婉看见一个既熟悉又陌生的名字在手机屏幕上闪现，是陈默打电话过来。电话那头陈默吞吞吐吐的，意思是让慧婉准时回公司上班。竟没有一点要对之前发生的事情解释的意思！慧婉气不打一处来，也忘记了陈默的老板身份，劈头盖脸地就和他吵了一架，然后恶狠狠地挂断电话。她脑海里突然闪现出小时候妈妈和自己生气，妈妈摔门离开的画面。

慧婉感觉自己像一只背负着破碎的壳的小蜗牛，本来就弱小得无法抵御“寒冻”，而如今又被重重地敲击，她的心突然一缩，和她的面部表情一样僵在那里。她没空理会陈默的感受。

慧婉眼前不断闪现出模糊不清的画面：爸爸给她变镜子魔术逗得她哈哈大笑；爸爸半夜逼着她弹钢琴，尽管她困得睁不开眼，但爸爸还是严厉地要求她练，练不好不能睡觉……无论好的坏的，这些有温度的情愫，自从爸爸和妈妈离婚后音讯全无的那刻起开始降温，她只能从家人口中听闻爸爸的一些信息，但脑海中关于他的画面总是黯淡无光，没有一点色彩，也没有一点温度。而这一刻，不同以往，爸爸永远地消失了。

慧婉本来满心期待和天使姐姐事先约好的会面，可现在无论如何都打不起精神来了。她耷拉着脑袋走进天使姐姐的工作室，天使姐姐看到慧婉失魂落魄的模样，赶紧迎上前去抱了抱她，随后递给她一杯温水。慧婉似乎感受到了母爱般的安慰和温暖。自从得知爸爸的死讯，这几天慧婉没有掉一滴眼泪，她眼睛向下耷拉着，半晌才开口说话："我已经习惯了没有爸爸的生活，7岁以前的事我都忘得差不多了。之后，我也没有跟他有过什么联系，可他去世了，为什么我突然觉得很空，做什么事都提不起精神来？"

"至亲的离世一时半会放不下是可以理解的。但过去的事情，我们只能让它成为过去。"说到这里，天使姐姐难过地顿了顿，然后重新"整理"好自己的声音接着安慰道："日子还要继续，为了自己今后的生活，找个机会去跟爸爸做个正式的告别吧。你有什么想告诉他的都要亲口讲出来，你的思念，你的爱，你的埋怨，哪怕是憎恨，然后告诉他，你准备开始新的生活。”

“我现在觉得人很空，完全没有**安全感**。家里突然发生了这么大的事，陈默催我回去上班，刚和他吵了一架，我觉得自己的工作也快丢了。我活生生就像只破壳的蜗牛。”慧婉说完，抬起头来无助地看着天使姐姐，她感觉自己以前的付出都付诸东流了。

马斯洛指出，安全感是一种从恐惧和焦虑中脱离出来获得信心、安全和自由的感觉，特别是满足一个人现在和未来各种需要的感觉，是对可能出现的对身体或心理的危险或风险的预感，以及个体在应对处置时的有力感，主要表现为确定感和可控制感。这是一种主观性的体验，同时包括对未知行为的控制及应对策略。

天使姐姐在纸上边画边说：“就拿你刚才说的蜗牛打比

方，我们每个人都是一只蜗牛，蜗牛感受到的不是‘世界’本身，而是自己的‘壳’。我们感觉到了这个‘壳’，就误以为它是世界。”

慧婉看看天使姐姐画出来的这幅图，撇着嘴哭笑不得，“所以我的‘壳’碎了，并不代表这个世界是不安全的。说出来容易，但我现在感觉没有安全感，什么事都做不好，还把气全都撒在陈默身上。”

天使姐姐点点头看着慧婉，盯着这幅图接着说：“我们每个人的‘壳’其实都是‘无形’的，也就是潜意识中臆想的。就像你刚才说的感觉，如果‘壳’碎了或太薄，人就会感到不安，但他会把世界解释为不安全的，所以心就会迅速长出刺来，变得像一只刺猬，在受到假想的伤害之前先刺伤别人，或者竖起一个‘切勿靠近’的警示牌。”

慧婉像找到了某种生命的线索一样，瞪大眼睛说：“听姐姐这么一说，我瞬间觉得轻松了很多。上次姐姐画的那第三道门，我好像找到了钥匙。”

“哦？”天使姐姐斜过身子凑近慧婉，认真听着。

“读完姐姐上次推荐我看的书，我挺受启发。我刚才就在

想一个ABC理论的倒推法。C是我不开心的情绪；A是听到了爸爸的死讯这件事，发生这种事应该没人能开心起来，哪怕自己的爸爸‘万恶不赦’；B就是我怎样看待这件事。刚才姐姐说的提醒了我，如果蜗牛的壳裂了，就会感觉到不安。如果说，因为爸爸的死，我难过，但这可能会让我更坚强独立也说不定。”慧婉显然对自己的解释充满信心，整个人的状态也从刚进屋时的阴郁，变得不那么沉重了。

疗愈心语

母亲是在人生中和我们建立生命关系的第一个女人，而父亲是帮我们形成“自我认同”的第一个男人。我们从小和父母的依赖及互动关系，在被疗愈之前，几乎是人生的预演。在这个成长的模式中定义的“我”，会设定一种固有模式，之后在人生中的每一个节点都在不断重复这个模式。自我疗愈的过程就是修正这个模式的过程。

如果我们是幸运的，父母的反馈是积极的，也就是每一声呼唤都有一个回应，或扭头微笑，或轻声应答，对我们充满理解，那么久而久之，我们就知道，这个世界是温暖的，有反馈的，我们是存在的，被人接受的，有价值的。

然而不幸的情况是，如果没有反馈，也就是呼唤父母得不到回应，父母总是爱答不理，常常吵架，情绪不稳定，对我们打击讽刺，以自己的意识逼迫我们的某种行为，等等，我们就会感觉自己是不被接受的，存在感得不到认同，自己的存在是“脏的”“可耻的”。这种感觉一旦在幼小的心灵里扎根，我们的内在小孩便会在我们成年后通过各种“无理取闹”的方式时刻提醒我们，甚至以各种最丑陋的形式外化出来，比如焦虑、抑郁、厌食症等。总之，就是无意识地以各种方式伤害自己。

父母这种精神上的存在，还可能会被一个或多个长辈替代，如果在成长环境中，爷爷、奶奶、姑姑、哥哥和其他照看者提供了更多的陪伴，那他们就会填补缺失的父母的位置。与他们产生联结，可以填补我们内心安全感的空洞，但有些逆境的遭遇反成为我们童年的阴影。

如果我们缺少安全感，可能会在亲密关系中表现出严重的依赖感，情绪上产生焦虑（对未来不可控的危险产生的负面情绪）、抑郁（自责倾向、绝望感）和敌意（责他倾向），等等。安全感重塑的过程虽然漫长，但效果是循序渐进的，且最终会受益终身，甚至积极影响到我们的下一代。

安全感是人生的一种信念。当我们开始树立自我意识的时候，即开始了全方面了解自己的特点、个性、价值、过去的伤痛和能量，以及觉察自己的内在感受。当我们能够面对真实的自我，尤其是自己躲避或者压抑的那部分自我时，人格就开始了回归现实的过程。

一旦精神的伤痛被觉察到了，它就能找到适合的方式自己愈合。比如，一旦愤怒和恐惧被觉察，它的浓度便会稀释一些，这就是情绪的体验能力。同时，我们的内在小孩在经历一些特殊事件的时候会发出信号，提醒我们应该清理和释放过去的伤痛，如果我们不理他，内在小孩就会一直闹腾，只有得到了关注、安慰和疗愈，他才会停止躁动，这样的疗愈或早或晚都会发生。

当我们能够真正地觉察自己，就能够学会愉快地接纳自己，不是因为自己优秀，而是因为自己就是一个特别的生命和存在，仅此而已。世界上没有任何一个人是完美的，也没有人能和自己相比，不管什么样的人都能找到适合自己的位置。别总是盯着自己的缺点看，要学会了解自身特点，客观、恰当地评价自己，逐渐建立自信，懂得欣赏自己，体验自身价值和意义，努力发展自身的潜能，肯定自我的同时，对自己无法弥补的缺陷能做到泰然处之，特别是在不利条件下还能安慰自己、疗愈自己。

这样，我们不但会拥有享受孤独的能力、精神上的饱足，同时会发展出良好的人际关系，让自己回归到关系中，与他人共处。与他人交往是人类的天性，只有在与他人的正常交往中保持一定的情感联系，形成亲密的人际关系，才会给我们的安全感加分。

除此之外，我们还要给自己的生活建立仪式感。仪式感可以直接触动潜意识本身，而无须经过理性的过滤。练习冥想就是一个建立仪式感的过程。

仪式是通过特殊的器具、程序进行的行为，以可视、可触的实体作为介质，传递对虚拟精神感受的物化，企图在身外的世界和心中的世界之间建立联系。人通过仪式来寄托并获得自己拥有这些虚拟物的凭证。人们获得的确定掌控感，便是仪式感的最终目的和直接结果。

需要仪式的东西一般都是“虚”的，比如加入某个社群等，这些虚拟物是看不见、摸不着的，而人是生活在物质世界中的，人需要实体的仪式来直抵精神内部，把心中的世界外化出来，把虚拟物视觉化，给精神一个载体，给心灵一个铭记的机会。仪式感给我们带来的信息是强烈的、可感知的、真实存在的。生活仪式化可以确实地增加我们的安全感。

当然，我们还要有独立的经济基础，有收入来源稳定的保障，让我们感觉到稳定，有秩序，有自我掌控感。

总之，安全感的建立需要我们从身体、情绪、思想，乃至物质层面、社会关系中重新认识并管理自己。

实践练习

1. 在疗愈日记本中绘制以下表格，在接下来的21天中，只要每天连续记录自我评价和自我提升实践，安全感就会有显著的改善和提升。也可以直接在下表中填写做练习。

项目	自我评价	自我提升实践（改变计划和实践）
第一步：自我意识建立（360度了解自我：自我认知，自我体验，自我调节）		
第二步：联结内在小孩（聆听内心并坦然面对自己、接纳自己）		
第三步：在生活中建立仪式感（认真过好每一个生活节点，经济独立，精神独立，找到自己的激情所在，做热爱的事）		
第四步：在人际关系中应用（建立和谐的人际关系，和高能量的人做朋友，远离消耗你能量的人）		

2. 扫码练习重建安全感冥想。

第 14 章

同一类人的怪圈：关系的处理

“我既然摸索到了打开第三道门的钥匙，是不是就能永见光明了呢？”当晚，慧婉躺在床上睡不着，翻来覆去地想，“为什么想到要永见光明，我却没有想象中那么开心？好像缺了点什么。”这次回上海，慧婉匆匆忙忙地见了天使姐姐一面，总觉得这第三道门是有蹊跷的。

第二天一大早，慧婉不想和陈默直接交涉，就跟王闻多请了两天假。随后，预定了回哈尔滨的机票，参加爸爸的葬礼。她知道，这次回去是为了了结自己和爸爸正式告别的愿望。

办丧事的人和物件挤满了街道，多年不见的姑姑嫂嫂们都哭丧着脸，很多认识的不认识的人都泣不成声，在爸爸的遗体旁呆呆地站立着。妈妈因为离婚时和爸爸家里人闹得不愉快，不想自己尴尬就没来参加葬礼。没有多少人留意到慧婉的出现，偶尔投向她的几道目光都是冷漠的。

表姐看到了慧婉，只问了句“你怎么才来啊”，早就没有了从小在一起玩的那种亲近感。慧婉想起来，有一次妈妈把她送到表姐家玩。本来应该是姐妹俩的快乐时光，可是表姐却和一个早恋的男朋友出去约会，把她一个人留在学校门口一等就是一下午，她没有表姐家的钥匙，所以只能在学校门口兜兜转转，生怕离开了，表姐回来找不到她。直到天快黑的时候，表姐才着急赶回来问：“你怎么还没回家呢？”每一次的责备都会落在慧婉身上。

可慧婉并没有往心里去，她内心还是很喜欢表姐那不羁的个性的。虽然等了很久，但是表姐最终还是会回来找她，并带她去吃了全夜市最好吃的烤玉米，直到今天她还能回想起烤玉米的香味。

现在想想也难怪，表姐从小都是在大姑和大姑父的责怪和训斥中长大的。他们不满于表姐学习成绩落后，甚至找了“关系”送表姐去医学院专科学习，但最后因为她长期逃课被学校开除了学籍。表姐从来都是一个叛逆的代表，反而这个叛逆劲儿是慧婉打心眼儿里“羡慕”的。

相比之下，慧婉一直逆来顺受，对父母的不同意见从来都只是做无声的反抗，她不敢和父母顶嘴，因为她怕被父母打。

慧婉没跟表姐坐在一起，看着往来参加葬礼的人，有几个是和她从小一起玩的，但如今也都变得很陌生。

办完葬礼，大姑摆宴请大伙吃饭。可慧婉一点胃口也没有，坐立不安，好像这样的场合并不适合她。看得出很多人都很悼念和尊重爸爸，想必爸爸也不是什么坏人。

“刘慧婉，你回来了。”一个画着不合时宜的浓妆、扎着马尾的高个子姑娘迎面走来。

“……李英楠。”慧婉差点认不出她的同学了。

李英楠是和慧婉一起长大的邻居和玩伴，后来她俩一起上了小学、初中和高中。她爸爸和慧婉爸爸在同一家工厂上班。不过，自从慧婉爸爸搬走后，两个好朋友就渐行渐远了。慧婉总觉得自己父母离婚了，李英楠就因此开始看不起她。

“叔叔离开得挺突然的，我爸特别难过，好几个晚上睡不着。”李英楠同情地说，“我和我老公分居了，他去了深圳。”

还没等慧婉开口问她的近况，李英楠就将自家的情况全盘托出。这一点，确实和小时候一样，一点儿没变，说话的口气中带着怨恨。

李英楠像在自言自语，讲事情的时候看也不看慧婉一眼，"他外边肯定有人了，说是去深圳发展，一年到头只回家几次，孩子都快不认识他了。他一点不念旧情，没心没肺的东西，事业刚起步的时候，没有我帮他搞定后勤，借给他第一笔项目款作为启动资金，他如今能'支棱'起来吗？！"李英楠提高了语调，越说越气愤。

虽然多年不见，慧婉还挺想知道李英楠过得怎么样的。可这信息量着实有点大，让她难以承受，甚至觉得有点难堪。最重要的是，这些愤恨的责备，让慧婉觉得自己顿时变成了李英楠负面情绪的"垃圾桶"。

慧婉一边同情李英楠的遭遇，一边想到天使姐姐画的通往光明的三道门："想必李英楠的内在小孩还在第一道门的门口徘徊吧。内在小孩似乎已经通过各种坏情绪给她发出求救信号了，但遗憾的是，她没能读懂，所以在痛苦的深渊越陷越深。"慧婉同时在心里感叹，没有自我觉察能力是多么可怕的一件事啊。

她想起来在小学的时候，李英楠常会小嘴巴巴地抱怨爸爸打麻将很晚都不回家，妈妈总是和爸爸吵架。莫非她的内在小孩已经熟悉和接受了这种“距离产生美”的亲密关系，并在重复这种模式？想到这些，慧婉感觉自己好像是脱离事件的旁观者，在冷静地分析眼前发生的一切。

李英楠离开座位后，慧婉吃了几口面，想到了她大学的好朋友、在上海颇能聊得来的所谓“朋友”和她交往过的男朋友们，往事一幕幕地涌入她的回忆中。她发现，无一例外地，身边的人都像颗“定时炸弹”，好像和她有着共同的特质。过去身边的几个朋友都是一旦被某个关键事件触发，就会立即燃爆，情绪崩溃得一塌糊涂，害人害己。这让她想到了和妈妈的相处模式，原来自己在过往的生活中，一直在人际关系里寻求这种处理其他人坏情绪的“熟悉感”，就像天使姐姐说的潜意识重复。自己的角色好像是“废物能量回收机”，之前听这些话还能听进去，还会产生同情，而现在她觉得自己不应该再继续吸收这些“废物能量”了，她甚至想到逃离。这些负面能量就像一个怪圈，一个人的自我觉察能力越弱，就越会被负面能量填满。

这可能就是天使姐姐描绘的进第一道门之前的无明世界，

原来慧婉圈子中的大部分人包括她自己，都会陷入这样的困境，每个人都在重复着自己内心戏的预演，而毫无察觉。有多少人是稀里糊涂地过了一辈子，整个人生体验全都是疲累、痛苦和无助的呢？

慧婉脑子里不禁跳出一个百思不解的问题：“难道这些人都是我自己吸引来的吗？”

在回上海的飞机上，慧婉并没有那么伤感，反而觉得有点轻松，眼前偶尔还会冒出爸爸的遗体被火化的场面。告别一个生命，甚至是有着最遥远内心距离的至亲，不是一件容易的事。但无论是爱是恨，都已经随着生命的消逝在火光中燃尽了。虽然慧婉无法完全原谅爸爸在她成长过程中的“缺席”，但至少在她内心算是做了一场完整和正式的告别。慧婉默默地做了决定：“就从今天起，我的生活也该做个清理了。”

第15章

关于一个柠檬：活在当下

回到上海的住处，慧婉开始收拾自己的房间，清理掉一些废旧衣服和物品，同时陷入各种各样的回忆中。这几天的反思，让她发现一个规律：只要在生活中遇到问题，她的脑海中就会立即跳转出一个跟过去记忆相关的画面。奇怪的是，这往往发生在她来情绪的时候。

慧婉把最近的心得总结出来告诉天使姐姐："姐姐之前说的，这应该是我在跟自己的潜意识沟通吧？那沟通完成了，又拿到了第三道门的钥匙，我怎样才能走出去见到光明呢？"

"光明这就来了，闭上眼睛，你才会看见。"天使姐姐点点头，随手从桌角拿出一颗黄灿灿的柠檬放在慧婉面前。她用独有的、带磁性的声音温柔地示意慧婉闭上眼睛。

“开始有意识地觉察自己的呼吸……感觉气息带动你的胸腔起伏，整个肺部被激活，让横膈膜也参与到深长的呼吸中来。”随着天使姐姐的引导，慧婉觉察到了和呼吸的联结。

“现在去想象你面前的这颗柠檬，当你碰触它的时候，是怎样的手感，你看到了什么颜色？有没有什么味道？”慧婉的眼睛在眼皮下转动，寻思着今天的冥想好像跟往常不大一样。因为这段时间的持续练习，慧婉意识到自己溜号了，所以马上告诉自己要把注意力调整回来。

找到这种技巧后，她心里有种说不出的愉悦感。她欣喜地把关注点放在天使姐姐说的一字一句上，就好像有什么惊喜在等着她。

“接着去想象将这颗柠檬切开后的鲜嫩多汁，当你去品尝这颗柠檬的汁水时是什么感觉？感受你的牙龈、牙齿、舌头、喉咙……它是什么味道？”

听到这里，慧婉咽了下口水，嘴角也翘了起来，她觉得这次冥想好有趣啊，虽然没有吃到柠檬，可嘴巴里面似乎有了柠檬的酸爽感了呢。

天使姐姐好像看出了慧婉的“内心戏”，接着说：“用心去体会这颗柠檬，它是大自然的馈赠，试着和大自然合二为一……”

顿时，慧婉的五感六觉好像全都被打通了一样，她看见了一团黄色的光圈，光圈的内核偏向橘黄色还带了一点点红色，光圈外延逐渐变浅。

“太神奇了！”冥想结束后慧婉睁开眼睛，眼前一片明亮。“原来第三道门后的光明是喜悦的。”

“这道门的钥匙不光是你说的ABC理论，还有一个密码可以解锁。”天使姐姐神神秘秘地说。

“活在当下。”慧婉脱口而出。这几天在看《当下的力量》这本书，刚开始读的时候，她觉得书里面很多都是车轱辘话，重复地说，但说半天自己也没明白，现在竟一下子开窍了。

“没错。”姐姐肯定道，接着问：“你打算具体怎样做呢？”

痛苦之身之所以存在是因为过去发生的事情。它是你活生生的过去，如果你认同它，就是认同过去。

> 一个受害者的身份认同就是：相信过去比现在更强大，相信其他人对你所做的事，应该为今天的你负责，为你的情感痛苦或你无法成为真正的自己负责。临在的力量，就是当下这一刻，才是真正的力量，一旦你认识到了这一点，你就会认识到你该为自己的内在空间负责——而不是别人该为它负责。
>
> ——埃克哈特•托利《当下的力量》

“我太认同书中的这些话了，给你读一段我最近几天写的读后感。”说完，慧婉得意地拿出自己的疗愈日记本，读道：“我追究和陈默之间的纠葛，这种感觉就像我想要父母给我认同一样。这就是活在过去，给过去关注，承认过去的力量。”

“活在当下应该是……”读到这里，慧婉调皮地话锋一转，“像这颗柠檬，为此时此刻‘负责’，我越专注在每一个当下，麻烦事就会越少。当我想着柠檬（指当下发生的一切）时，我不可能想着对陈默的爱求而不得。”

天使姐姐看着慧婉可爱的模样，想乘胜追击，于是继续问道：“那和内在小孩的联结，算不算活在当下呢？”

“这……我不太确定呢。”慧婉摇摇头，心里质疑天使姐姐是不是在搬起石头砸自己的脚，不过很快她就觉得这个问题肯定暗藏玄机。

天使姐姐提示道：“我们的内在小孩拥有孩子般的敏感、直觉力、好奇心、想象力、天赋、智慧和感受力，这些并没有随岁月的流逝和成长而改变或衰退。只是在年幼时，因为我们的心灵没有得到足够的满足和安慰，所以我们的内在形成了一个被隐藏的敏感脆弱的空间，在信念系统中划下伤痕。等我们成年后，一旦遇到挫折，就会被这个内在小孩接管，沉浸于痛苦中，做出不负责任的行为，造成我们在关系中挣扎和受苦。”

“所以和内在小孩的联结既是活在当下，也是清理过去。”慧婉终于明白了自己这段时间做的是什么，仿佛内心有颗“重生的种子”在隐隐发芽。

疗愈心语

当我们学会和内在小孩联结时，就会发现内在小孩知道如何活在当下。在这之前，我们要了解，一旦被痛苦控制，我们就会想要更多的痛苦。脑科学家通过对大脑的扫描，发现大脑具有可塑性，如果一个人长期有某种想法和特定的行为，那么久而久之，就搭建起了固定的神经元。比如，如果我们一直爱焦虑，那么大脑中负责焦虑的杏仁核得到训练，我们就会经常焦虑；如果我们一直爱抑郁，那么大脑里的抑郁神经元就会得到强化，以至于当我们总觉得自己哪里做得不够好常常痛苦缠身时，大脑不断强化此类神经元，久而久之，我们就像身陷沼泽一样越陷越深。

只有当我们真正学会拥抱和陪伴自己的内在小孩，认知并疗愈了那些曾经没有被满足的需求、不被允许的情绪或被伤害的经验时，我们的内在小孩才会勇敢地和我们一同面对当下所谓的“问题”，一起改写头脑中的信念，重塑我们的神经元搭建方式。冥想是最方便可行的方式，帮助我们通过练习超越肉体和大脑的局限，逐渐拥抱生命的完整。在这个过程中我们的状态会化繁为简，内心逐渐趋于平静。当我们学会在冥想中凝神入定时，就成了杂念的“观察者”，而不是让杂念牵引自己的心绪走。

那么，如何将冥想中“活在当下”的觉知应用到我们日常的生活中呢？

其实，冥想并不拘泥于某种固定的形式，在日常生活中可以随时练习。比如，你在行走时，可以觉知你正在行走，感受脚底的压力、温度等；当你坐下时，可以觉知正在坐下的动作，认真感受身体与地面的接触；当你躺下时，可以觉知正在躺下，感受床的舒适度、软硬度，无论身体是何种姿势和感受，你都应当对此有所觉知。再比如，当你感觉压力过大的时候，花几分钟时间将注意力集中在呼吸和身体的感受上，你越专注，负面情绪和念头越快消散。

运用所有感官，包括视觉、听觉、嗅觉、味觉、肌触觉、时觉、空间感、终极意志去如实地觉察、深深地体会每一个现在，而不是用思考来感知世界，摆脱思维的控制，才能真正地活在当下。

在冥想练习中有两点需要注意。

第一，不加任何批判。批判是思维的能力，而觉察不进行批判、不产生是非。不批判才能接纳一切，不卷入思维之中。在觉察中注入温和、好奇和仁爱的感受，这些态度自带的正面能量，可以帮助我们提升冥想的效果。

第二，不设立目标。因为冥想练习可以改善焦虑、抑郁等相关状态，所以很多人都是为了治病或者希望达到某种目的开始冥想练习的，这就是被“功利心”驱使，一旦设立了目标，我们就会重新进入行动模式。目标和当下不在同一个维度，我们需要做到不设立任何目标而只是自在地留心观察，这样效果才能够自然而然地出现。

当追逐结果时，我们会非常渴望获得“一种特殊体验”，或者竭力想看出自己是否有进步，而如果我们没有立刻获得某种特殊体验，就会开始怀疑自己的选择，或者怀疑自己的做法究竟“对不对”。在许多学习和进修的领域，这无可厚非，因为我们需要时时看到自己的进步才能坚持下去。

但是，冥想不同。从冥想的角度来看，每一种心境都是特别的，每一个时刻都是特殊的。当不再一心希望当下会发生点什么的时候，我们就等于迈出了一大步，能够面对当下了。要想取得进步或发展自我，我们只能从起点开始并关注这个当下，才能真正从冥想中获益，摆脱痛苦。

实践练习

请你在接下来的21天里，将冥想的练习运用到生活中的方方面面，如实地觉察生活中的每一个细节，并在你的疗愈日记本中记录感受和心态的变化。

第16章

面对人生低谷的勇气：内在小孩的回报

慧婉盯着电脑屏幕上显示的银行余额，叹了口气，盘算了一下账户中的存款应该能够维持她至少6个月不打工的生活开销。

慧婉做了一次深呼吸，预设好了自己想要了结这段拖泥带水的关系的台词，脑海里不断闪现，陈默后悔失去一个对他如此忠诚、给了他大好青春和所有温柔的好女孩的惊愕表情，心里也无数次地上演，陈默面对失去自己的结局表现得万分惋惜，甚至落泪痛哭。准备好后，慧婉用微颤的手指拨通了陈默的电话，电话里传来那个熟悉的曾给过她安慰的声音，而如今这个声音好像离她十万八千里。

没有寒暄，也没有任何预想中的情景，陈默劈头盖脸地催促道："什么时候回来上班？"这个男人好像只关心自己的公司。

"我……不想干了，方便的话我过去办下离职手续。"慧婉原本准备的内心台词是"我们分手吧"，而令她惭愧的是，这段关系从来就没有一个清清楚楚的开始，那自然也不会有一个明明白白的结束。离开属于这个男人的一切，不再相见，可能就是最好的告别。相应的代价就是，在上海这样一个偌大的城市，将失去一份还算体面和得心应手的工作。

"什么？你不是去处理家务事了吗？"陈默显得有点焦急。

"都这个时候了，还装什么蒜！"慧婉仍放不下陈默"背叛"她的事实，心里曾一遍又一遍地质问这个男人："你真的关心过我吗？"显然这是慧婉内心最在乎的部分，可话刚到嘴边，就又被习惯性地咽回去了，任由一种说不出的委屈混杂着憎恨在心里翻江倒海。

"我这是怎么了？"慧婉心里想，"看来是我的内在小孩又在闹腾了。预设好的分手台词一句都没用上。我真没用！"

慧婉倒吸了一口气，双眼微闭，突然听见内心有一个细小的声音告诉她："这次你的恐惧卡片是不被爱，不过没关系，我爱你，我会陪伴着你。"

自从遇到天使姐姐后，每次冥想，慧婉都会研习和内在小孩的对话。"这次的对话就像某种自发的灵感闪现，应该是潜意识给我的指引吧。"慧婉心里想。

最后，慧婉不知道哪来的勇气，对着电话那头脱口而出："我们之间也算了吧。"

陈默突然变得平静下来，放慢语速说："那，你看看接下来要怎么办？"

不知道什么原因，慧婉开始有点耳鸣，因为她没有勇气再继续听下去……

这一晚慧婉在床上翻来覆去，无法入睡，脑海中不断冒出她刚进公司时的种种场景，初次和陈默在一起的画面，还有各种不切实际的想法，想着她去办公室，陈默会挽留她，会亲口告诉她，这次他想要认认真真地对待这份感情……想到这里，慧婉的眼泪止不住地流下来，她在被窝里蜷缩起身体，反复告诉自己："这应该是我想念他的最后一晚了吧，但愿如此。"

第二天，慧婉和王闻约好去公司办理离职手续，再取点东西。慧婉在整理办公桌的时候发现，她在这家公司已经稳扎稳打地干了整整三年，所有的文档都是按照类别摆放好的，工作日志里写满了每天的日程，客户资料夹、内部文件夹都有序地叠放在办公桌的抽屉里……一时间慧婉竟不知道如何下手。在这堆文件里，慧婉翻了半天，左挑右看，只有一本疗愈日记是真正属于她的私人物品，里面写满了她和天使姐姐的谈话，以及每次的感悟。

慧婉坐在座位上感觉自己好像被抽空了一般，连收拾东西的力气也没有了。她手肘撑在桌子上，张开双手把自己的脸埋了进去，用尽力气把眼睛睁大。

她发现自己几天没来，窗台上多了几盆花，更多彩，让严肃的办公室看起来完全变了个样，但这对慧婉来说就有点别扭。

“以前窗台上的那些绿植呢？”慧婉斜过脸问王闻。以前办公室里的摆设和装饰都是陈默让慧婉布置的。

王闻说：“副总给换掉了。”眼神示意是隔壁办公室的颜可欣，接着说：“行了，你快收拾吧，老板已经给你特许离职了。”语气有点不耐烦，说完扭头就走了。

“副总？有人为了在公司上位真是不择手段！”慧婉火冒三丈，想去找陈默理论，可陈默好像提前知道要发生什么一样没有来公司。慧婉一边噼里啪啦地使劲儿往桌子上摔那些原本被整理好的文件，一边大滴大滴地掉眼泪，任由办公室里的人看她的笑话。

“当初要去深圳是老板的意思，让她离职也是老板下的命令……”“爬得越高摔得越惨，她这是吃不了兜着走……”旁边几个同事窃窃私语。

慧婉听到这里，脸一下子僵住了，立刻收起了上一秒还在横流的眼泪。“他不配！”慧婉听到了内在小孩的声音，这次这个小孩看起来大概7岁，站得又高又直，比以前长大了很多。慧婉开始放慢急促的呼吸，感觉自己突突直跳的心脏慢慢地归位，紧张的胃也跟着放松下来。

“很好，你迈进了第一道门。”慧婉觉察着自己身体的变化，发现这已经成为她缓解焦虑的习惯性心路历程。

“告诉我，你现在的情绪是什么？”那个7岁的小孩用大人的语气问。

“我被陈默玩弄于股掌之间，却全然不知，我是不是太傻了？我一直在被他利用，人性真可怕。办公室的同事好像一直都知道我和陈默的关系，我觉得太羞耻了！这些都气得我简直要喷火了，我想烧掉这个不属于我的地方。”慧婉的内心不断挣扎，继续着和这个小孩的对话。

“羞耻和愤怒在你身体的哪里？”小孩走近一步拉着慧婉的手，准备好了要和她共同面对即将发生的一切。

“鼻子和口腔，我真想尖叫，还有胸口、胃、后背和手掌心，全身紧张，我真的想逃跑。”说到这里慧婉把紧握的双手放在了自己的胸口上。

这个小孩用认真的表情看着慧婉，眼神中有几分酷似天使姐姐的坚定。小孩接着说：“你可以生气，我就是个会羞耻、会愤怒的小孩，你放心，一切都会好起来的。”

慧婉突然想起来以前天使姐姐对她说的一句话：“允许自己有情绪，接纳情绪的时候，情绪就开始流动了，也就没有那么大的威胁力了。”

小孩看出慧婉有点走神儿，继续说道：“既然事情已经发生了，我知道这些想法让你难过，那我们换个想法试试呢？”

“可能，这些都是给我年轻时的无知上的一堂宝贵的课，我不会允许眼前这些人伤害到我。其实，我早就知道陈默不爱我了，没事，这是事实。我们只是在彼此的生命中擦肩而过，爱过痛过，仅此而已。陈默让我看到了脆弱的自己，我再也不想做个爱情的乞丐了，他的沉默原来一直都是拒绝。我可以选择放下。”想到这里，慧婉的羞愧和怒火已经消散了一半。

忽然，午后明媚的一束阳光照了进来，慧婉揉了揉双眼，迅速拿起手中的笔，毅然决然地在离职申请上签了字，甩给王闻。

第17章

我宕机了：身体的智慧

慧婉前脚刚离开办公室，就立即被王闻踢出公司群，还真是人走茶凉呐。她感觉经历的这几年不过是一场戏，自己就是那个戏份不多、半路被踢出局的配角。慧婉站在陆家嘴的C形天桥上，看着形形色色往来的行人和车辆，她一边感受着被公司“卸磨杀驴”的屈辱感，一边也不得不承认只有这样公司才能正常地运转下去。就像天使姐姐说的，每件事都有它的二元对立性，也许这次离开意味着新的开始，慧婉发现自己已经对转念运用自如了。虽然她渐渐看透这场戏，可还是不知道自己接下来要去哪里，要做什么。

爸爸去世，自己失恋又失业……还有比这更差劲儿的人生吗？慧婉的心情跌落谷底，不知道是哪儿来的力气支撑她走了好远好远，好像在顺着自己的脚步寻找着出路。她来到了天使姐姐的“庇护所”，好像这个世界只有这里能让她心安。

天使姐姐暖心地递给慧婉一个抱枕，端过来一杯热茶，转身拿起摆台上鲍鱼壳里的鼠尾草，安静地看着慧婉，熏香很快在房间的各个角落散开。

这味道让慧婉感觉无比安神，似乎找到了某种归属感，身体有种能量正在释放，她抱着抱枕蜷缩在软绵绵的长椅上，乏力无助遍布全身，整个人都宕机了。慧婉再也支撑不住，闭上了眼睛。

“深长缓慢地呼吸，随着呼气放松你的面部表情。”要不是天使姐姐提醒，慧婉都不知道现在自己的面容有多狰狞，眉头紧紧地锁死。“随着吸气，让你的胸腔向上，延展脊柱。呼气，肩膀下沉，双臂、双腿放松，让身体的每一块肌肉都跟随地心引力下沉……”慧婉把抱枕枕在头下，感觉身体不再像刚才那样紧成一团，整个人开始伸展，但还是明显感觉到身体发热、头疼耳鸣，胃很不舒服，胸部也有明显的胀痛。这次的冥想让慧婉觉察了全身，好像身体被洗礼了，用这一刻的“大休息”补回来了前几天的彻夜失眠。

慧婉慢慢睁开眼睛，深有感触地说：“我身边的很多同龄人都在抱怨感情不顺心、工作不顺利，平时觉得很累，又睡不好，忍受着各种慢性病痛，比如头痛、胃痛、肩颈痛，还有腰痛等问题。有的人还会有过敏、免疫力低下的问题。我最近也是头疼脑热的小病总不断，我这样都不知道多久了。”

天使姐姐点头回应：“你说的是一种长期的**亚健康**状态，某一个事件只是触发点，绝大部分症状是随着时间的推移逐渐呈现出来的。令人惊奇的是，大部分人长期以来忍受了超乎寻常的疼痛和不适，却把它们视为平常。”

包祖晓在《做自己的旁观者》里说：“我们的思想可以欺骗自己，但身体是不会说谎的，它忠实地帮我们储存着所有的情绪，提醒我们要去真实地面对自己的需求，让我们好好地去处理。70%以上的人会以攻击自己身体器官的方式来消化自己的情绪。消化系统、皮肤和性器官是重灾区。身体的不适和病症是我们内心的呼喊和求救，它只是火警钟。可惜大部分人没有真正理解这些信号，头痛医头，脚痛医脚，甚至想办法把这个火警钟切除掉，其后果必然是悲剧性的。”

慧婉用手托住额头，觉得自己就是大部分人中的一员，她感慨万千地说："北上广不相信眼泪，大城市满足不了情感。很多人都是亚健康，连身体都吃不消了，还谈什么梦想。"

"所以，我们常常要对自己所处的快节奏的生活，保持高度警醒。"天使姐姐关心地看着慧婉说。

"就是照顾好平日的吃喝拉撒睡嘛！说起来容易做起来难。遇到事情了，想睡都睡不着。"慧婉忍着头疼，半信半疑地接着天使姐姐的话说。

天使姐姐拿起纸写下两个英文单词：Body Quotient。慧婉问："体商？以前只听过智商和情商。"

"对的，就是我们的身体智慧。"天使姐姐点点头，接着在纸上方写下"健康和幸福感的基本标准"，然后在下面画了4个分支，分别写下"定期检测身体数据""觉察身体感受""觉察内心感受""读懂潜意识传递的信息"。

慧婉看着天使姐姐的字，心里疑惑着，人生病就是生病了，和内心感受真有这么大的联系吗？

天使姐姐抬起头，好像看出了慧婉的不解。接着，天使姐

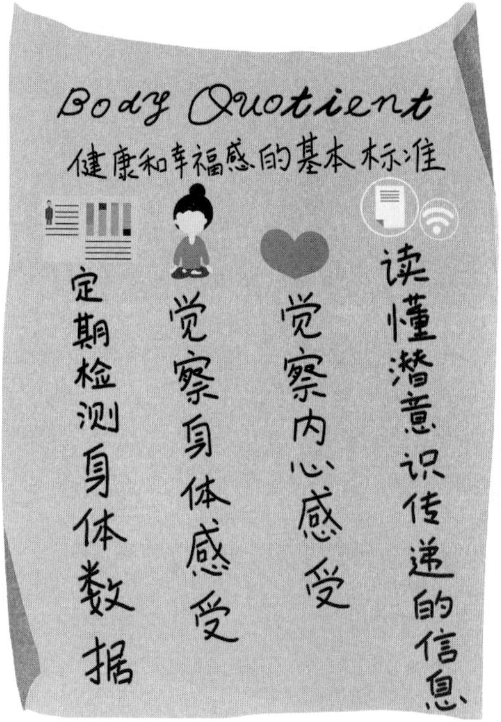
Body Quotient
健康和幸福感的基本标准
定期检测身体数据
觉察身体感受
觉察内心感受
读懂潜意识传递的信息

姐在“觉察内心感受”下边画了一个三层的同心圆。圆心写着：爱和喜悦；第二层写着慧婉在疗愈日记中熟悉的那些负面情绪词汇：焦虑、紧张、愤怒、沮丧、悲伤、痛苦、烦躁、嫉妒、恐惧、失望；最外层写着所有逃避和隐藏负面情绪的心理防御和补偿机制。

看着这些熟悉的负面情绪词汇，慧婉好像突然悟出点什么，她抢着说：“这个圆心是每个人本自具足的状态；第二层应该是在成长过程中，我们的内在小孩的阴影；为了不去揭伤疤，我们发展出了保护层，就是这个第三层。”说完，慧婉指向圆的外延。

天使姐姐点点头说：“再回去找找我们内心感受和身体的关系。”说完把体商反馈表递给慧婉，示意她早点回家休息。

慧婉回家后感觉不对劲儿，头重脚轻，想起天使姐姐刚才说的第一步，“定期检测身体数据”，于是想测测体温。找了半天才发现家里的体温计，之前被她不小心打碎了，新的都还没来得及买。而且，最近几天她感觉乳房也有些胀痛，她认为这可能是例假前的“常规”反应。于是慧婉给自己挤了杯柠檬水，想着如果明天没有恢复就去医院看看。

又是一个难熬的不眠之夜。慧婉躺在床上辗转反侧，想着

觉察内心感受
所有逃避和隐藏负面情绪的心理防御和补偿机制
焦虑、紧张
愤怒
沮丧
悲伤
痛苦
烦躁
嫉妒
!!!
爱和喜悦

想着突然松了一口气，因为她发现自己终于不再纠结陈默是不是爱她了。虽然得到的答案让她很伤心，却斩钉截铁，远比煎熬三年的“慢性疼痛”来得过瘾。她翻了个身想：“其实一个人也挺好的，很多之前想做的事情都可以用这段时间去做，先不着急找工作，或许可以去国外走走。”想着想着，慧婉竟出乎意料地睡着了。

第二天早起，不用赶地铁去上班的慧婉觉得轻松了很多，明显没有以前焦虑了，但头疼和胸部的胀痛并没有好起来。慧婉简单整理了一下就去医院做检查。

检测报告很快出来了。慧婉简直不敢相信自己的眼睛——乳腺结节，医生建议手术切除。慧婉当即咽了口吐沫，想着自己年纪轻轻，这么完整的身体就要挨刀子，浑身都难受。她突然明白了，天使姐姐画的三层同心圆和身体之间的联系，自己不就是活生生的“身心不分家”的最好验证者吗?

慧婉回家在网上查了相关资料，得知这是个小手术，所以放宽了心决定去做掉。“欠过去的债总是要还的。切除结节，也算是在内心给和陈默在一起的过去画上一个句号，切除一段伤痛的记忆。”慧婉心里想，“爱是忘记一个不属于自己的人，让彼此都获得自由。”

手术前后那段日子，时间好像定格了，慧婉的意念无数次地在过去和现实中穿梭。虽然手术进行得很顺利，但还是给她留下了一个小小的永远无法去除的疤痕。恢复的这几天，慧婉也一直在盘算着去哪里走走看看，散散心。忽然想起刚到上海的时候在合租房认识的程锦，两个人曾经也算是闺蜜，但自从程锦结婚后两个人的沟通就少了。最后，程锦因为先生龚利的工作变动，带着两个孩子搬去了清迈。

“不妨去拜访一下这个模范家庭？正好我在旅途中也换个心情。”于是慧婉给程锦留了一条语音信息，看看对方的意思，没想到很快就收到了程锦的回复，邀请慧婉来自己家里住段时间。

慧婉感觉从百无聊赖的黑暗和无望中看到了一抹光亮，她用最快的速度处理好自己这几年在上海的全部家当。

看着地面上的几大包行李，慧婉心里不禁感慨，多年来在上海的日日夜夜、辛酸苦辣，用这几包行李就能做个了结。

临行的前一晚，慧婉到天使姐姐那里告别，天使姐姐送给她一串菩提手串，并给她一个叫Galan的男人的联系方式，说Galan是她共修的师兄，是个有故事的人，到了清迈可以找他聊聊。同时提醒慧婉在旅途中，别忘记寻找关于爱的答案。

疗愈心语

在现代生活中，我们承担着多种角色和责任，很多人感到了来自多方面的压力。在照顾家庭、维护友情和职场“拼杀”中，我们感到四分五裂、筋疲力尽。很多人被自己的职责所带来的甜蜜和负担交织的感受淹没了，倍受折磨。除了吃穿住用行和健康密切相关，还有一方面很容易被大多数人忽略，就是我们的情绪。

从现代科学的角度来看，情绪是身体调节生理机能的控制阀。人们可以通过情绪的变化，迅速调动身体机能，从生存的角度来说，这本是有利的。

比如，当一个人遭遇危险时，就会产生恐慌情绪。恐慌情绪会促使肾上腺分泌大量肾上腺激素，身体快速进入紧张状态，以更应对不同的情况或危险。肾上腺激素的大量产生，一方面可以加强身体某些器官的运转，比如心跳加快、血压上升、肌肉运动加强等，另一方面，使身体的另一些器官的运转减弱，比如消化系统和免疫系统，这时候人就会出现胃口不好、抵抗力下降的表现。

刚刚调动身体机制的时候，免疫系统对于身体出现的小问题既不报警也不处理，但长此以往，当这些小问题持续地拖延变成大问题时，免疫系统虽然会全力以赴地加以解决，却往往因问题已经很严重而无能为力，最后的结果就是免疫系统崩溃，甚至危及生命。

科学家发现，七成以上疾病和情绪有直接关系。比如，恐惧和焦虑常常会导致腹部疼痛、头晕；内疚易引发关节炎；压抑可能导致哮喘；经常愤怒的人大多有口臭，还容易发生脓肿，等等。

尤其在当下快节奏的生活中，我们常常保持高度警惕，却对自己最重要的工具——身体，缺乏深度的感知。用医学界的话说，我们的身体正在慢性损耗。身体慢性损耗的产生源于现代生活对身体的索取，也源于我们丧失了与自己身体的沟通。以下是总结的和身体沟通、提升体商的具体做法。

1. 定期检测身体数据：比如检测体重、睡眠时长、消耗的热量、血压、脉搏、冥想时的脑波，以及定期体检等。

2. 觉察身体感受：比如困了、饿了、渴了、累了、头晕、眼涩、腰背痛等，读懂身体的信号，给予身体及时的满足。

3. 觉察内心感受：给你的情绪命名，并找到对应更深层次的内心需求。

4. 潜意识传递的信息：比如梦境、某些特定重复的想法和行为、冥想、催眠等传递的信息等，这需要连续记录。

实践练习

以下是以减轻头疼为目的做的一天的体商反馈表范例，请你根据自己想要达到的目标（比如减重、缓解腰背痛、改善咽炎等）自行更改，尝试在发现问题后同时给出解决方案，在你的疗愈日记中至少连续记录21天。

体商反馈表范例

目的：减轻头疼	第1天
定期检测身体数据	无运动，饭量正常，体重56公斤。睡眠时长6小时，晚上难入睡，中途醒来一次。打算明天睡觉前不玩手机了
觉察身体感受	感觉胸闷、气短。中午午睡了20分钟，感觉好多了
觉察内心感受	烦躁不安，爱生闷气，做了冥想练习
潜意识传递的信息	做了一个噩梦，梦里有一个巨大的足球砸到我，我很害怕，就醒了。感觉压力很大

第18章

旅途中的启示：内在父母接管

慧婉在飞机上看着窗外变幻莫测的云象，想着这几天练习冥想的感受，随笔写下：

> 人生就像是一场旅行，走着走着就明白了，人生的每一刻都在变化。那么，就边走边欣赏沿途的风景吧，没有谁会在原地等你。时间会慢慢教你明白，有些人渐行渐远，而对那些并肩同行的人要格外珍惜。
>
> 人生就像是一场旅行，走着走着就明白了，没有迈不过去的坎。那么，就别让坏情绪影响了看风景的心情吧，没有谁会为了你的坏情绪买单。时间会慢慢

教你明白，过去让你痛苦万分的事，现在看看已经淡然了。

人生就像是一场旅行，走着走着就明白了，身体是我们的圣殿。那么，就边走边留意自己的健康吧，没有健康的身体，还谈什么梦想。时间会慢慢教你明白，人不要太拼命，健康才是最宝贵的财富。

人生就像是一场旅行，走着走着就明白了，知足才是最幸福的状态。那么，就活在每一个当下吧，刹那间的绚丽也只不过是人生的点缀。时间会慢慢教你明白，烟花逝去，掉落满地繁华，在每一个当下知足常乐。

搁笔后慧婉感觉到前所未有的平静，满意地合上本子，闭目养神……

从机场出来刚见到程锦的时候，慧婉先是愣了一下，发现程锦整个人胖了一圈，虽然有些倦容，但依旧神采飞扬。两个人寒暄了几句，就找回了她们刚来上海打拼，每晚在合租房里一起谈天说地的亲近感。

慧婉给程锦的两个孩子带来了从上海买的英语学习有声书，很快和他们一家人打成一片。程锦和过去一样热情好客，为了给慧婉腾出来一间客房，特意安排两个孩子暂时住在一起，这让慧婉感动极了。程锦的先生龚利常常加班到很晚才回来，慧婉和他基本打不上几个照面。

清迈就是以前慧婉看过旅行攻略里面描述的样子，轻松安逸，满眼的绿色和泥土般的质朴。相比上海车水马龙的喧哗声，在这里耳边响起的是清脆悦耳的鸟鸣声，人也卸下了面具，路上的行人看起来不慌不忙的，好像过着一种忘乎所以的避世生活。

周末的傍晚，慧婉买完水果刚推门进屋，就听见程锦和龚利在卧室吵着说："你还有完没完？"龚利嚷嚷道："她到底要在这里待多久？还真把咱们家当旅馆啊！""她遭遇了这么多不幸，你就没点同情心吗？"程锦抢话说。

两个人越吵越凶，慧婉脑海里闪过了小时候父母争吵时候的画面，水果还拎在手里，她转身推门悄悄离开。

慧婉内心虽然有些愧疚，觉得自己成了程锦一家的"累赘"，但又憋了一肚子气，不禁抱怨："龚利这是要'见死不救'

吗？”这种念头让慧婉觉得自己可怜极了，下意识地推了推自己手腕上的菩提手串，她开始试着用天使姐姐教的方法转念，“住了这么长时间，也没明确说搬走的日期，确实在给人家添麻烦。是时候计划一下自己的未来了，至少给人家一个交代。”

慧婉踱步走到了离住处不远的小河边，望着河水发呆，突然想起来给那个叫Galan的人打个电话。她很好奇，这个天使姐姐口中的有故事的人到底是何方神圣。电话拨通了，接电话的是Galan本人，声音听起来好像一位长者。他一听是天使姐姐介绍来的，马上用流利的中文热情地邀请慧婉来自己的瑜伽馆会面。

想想现在也是无处可去，慧婉就随口答应了。按照约定的地址，慧婉走了大概半个小时，来到瑜伽馆，离得老远，她就看到一大片干净洁白的墙面上写着Galan Yoga。还没等进门，一个相貌平和、看着好像有点面熟并带着成功人士特有气质的中年男人从里面走出来迎接。“你来了，慧婉。”Galan亲和地操着满口上海腔的普通话，关切地问候：“天使姐姐，她最近好吗？”慧婉点点头说：“天使姐姐让我来拜访问候你。”Galan会意地嘴角上扬，深深地吸了一口气，他的眼睛里好像装满了故事。

慧婉随着Galan往瑜伽馆里走，边走边环顾打量四周的环境。这里和天使姐姐的工作室还真有异曲同工之处，整体的色调是米白色的，走廊的过道里挂满了抽象的挂画，窗台上摆满了绿植和花卉，只不过这里都是清迈特有的亚热带植物，色彩斑斓，窗子上还挂满了东南亚风格的手工编织风铃，其中在风中摇曳的一串风铃竟然和天使姐姐窗子上挂的一模一样，瑜伽教室里的搁台上整齐地摆着抱枕和瑜伽垫，最上面的架子上摆放着天使姐姐之前给她介绍的大小不一的叫西藏颂钵的铜碗，连空气中弥漫的清香味都如此熟悉。

穿过两间瑜伽教室，他们在中庭的院子里坐下来，这里充满阳光，十足是个大花园。Galan给慧婉倒了杯茶，用那双装满故事的眼睛注视着慧婉，慢慢讲起了他的经历。Galan是泰国人，从小被父母遗弃在孤儿院，后被一对上海有钱夫妇领养。在他18岁那年，领养父母患癌症相继去世，Galan痛苦万分。在残酷的命运面前，他不得不弃学创业，从一个最小的程序员做起。30年过去了，他在上海成功地打造了中国第一代互联网教育的商业帝国。因自己喜好瑜伽，现在退市隐居清迈，开起了瑜伽馆。

慧婉瞪大眼睛，眼前这个人莫非是，以前在电视新闻里常看到的被采访的互联网教育品牌第一人韩永光？多年前，慧婉在深圳协助办展的时候，还和这家大公司接触过。Galan默默地点点头。

Galan感慨地问慧婉：“天使姐姐应该跟你讲了关于我们的潜意识吧，就是那座冰山。”

慧婉感觉，除了天使姐姐，身边终于又有一个能明白她脑子里想什么东西的人了，她激动地回答：“嗯，还有要关照内在小孩。”

Galan陷入回忆，他用沉重的口吻说：“自从养父母去世后，我迷茫、抑郁了很长一段时间，天使姐姐就是我的救命恩人，她赐给我一对**内在父母**。”

慧婉不解地看着眼前这个带着某种光环的大人物，把耳朵凑得更近了。

“人有负面情绪，可能和当下的现实情境是没有关系的，它唤醒了我们在儿时经历过的类似场景和受到伤害的情感记忆。可能你不记得过去发生了什么事，但是这些情绪你会记得。”Galan看了看院子里种的绿植，收回了眼里的悲伤，继续说，“虽然我和父母的接触，对于我整个人生来说很短暂，但每次当我感觉到无助或陷入谷底无法自拔的时候，我都会提醒自己，我理想中的父母会怎样处理这些事、这些情绪，他们会怎样用我期待的方式来爱我。”说完，Galan虔诚地把右手放在了自己的胸口。

米杉在《由心咨询：心理治疗中的超个人范式》里说：

我们的内在父母是一个内在空间，在这里，我们与内在的关爱、智慧等资源联结，我们意识存在的这一部分是我们的本性和更高的自我表达，它位于心灵的中心。处于内在父母中时，我们感觉安全有力、富有信心，那是一种“家”的感觉。因为它是本性的表达，所以，也只有在当下才可以找到它。进入我们的内在父母，就是“回到我们内在力量空间”的另一种表达。“内在父母”这个词包含了充满关爱地接纳我们自身的意义。我们在寻找这样的内在空间——能够看一切如其所是，能够无条件接纳当下的现实。

与内在父母的联结，可以帮助我们开启内在深层的疗愈资源，疗愈过往的伤痛，用自己期待的方式无条件地接纳和爱自己，满足自我内心的需求，唤醒自我疗愈的内在能力。

“哇，这种感觉太神奇了。”慧婉惊叹道。

“还有个更神奇的地方，就是天使姐姐之前帮我找到了**心理按钮**。每个人都有自己专属的心理按钮，它就像我们未被疗愈的旧伤，好比一个人的痛点。以前无论是我的员工还是客户，任何人一反驳我就会激怒我。后来我发现我的养父母在我成长过程中也常常对我要求严格，我知道那个时候他们都是为了我好，但如果我达不到他们的要求就会惹他们生气。找到了自己的心理按钮，就更能预控事态的发展，不至于陷入过去痛苦的泥潭了。懂了这些，我现在对自己的孩子都宽容了许多。”Galan边说边把自己孩子的照片拿给慧婉看。

Meiya在《你值得拥有最好的一切》里说：心理按钮是我们在成长过程中设定在自己内心的“心理程序”。别人说了某句话或做了某件事，就好像按了我们的心理按钮，快速启动了这个“心理程序”。经过自己心中的程序自行地解释与处理，我们会产生某些情绪或行为反应，通常这些情绪和行为反应都是比较负面的，我们会感觉自己被人激怒了或者被人伤害了。

每个人都有专属于自己的心理按钮，而这些心理按钮常常来自过去未被疗愈的创伤，对应这些创伤和被激发的情绪背后都有一个曾经受伤的内在小孩。也就是当别人或发生的某个事件触碰到我们过去没被处理的创伤时，我们的内心仿佛再一次经历过去的感受和体验，这些情绪和反应会让我们觉得浑身不舒服、痛苦或者产生其他的负面情绪和行为。这时，我们需要通过觉察看见自己内心的创伤，跟自己重新建构积极的对话，通过认清事实、产生共情，给予受伤的内在小孩无条件的爱。并告诉自己，如今我们的内心已经越来越强大，越来越有力量，选择勇敢面对就会开启自我疗愈和修炼的心路历程。

慧婉看着Galan的孩子笑容满面的照片，嘴角也不由自主地上扬。

聊着聊着，夕阳映红了清迈的天空，慧婉临走的时候对Galan说：“师兄，谢谢你，下次能不能来你这里练瑜伽？”

“欢迎，小师妹，千万别见外。”Galan注视着慧婉离开。

疗愈心语

在成长的过程中，如果我们对父母的所作所为越来越无法容忍，无法跟父母联结，就会导致无法跟内在的自己联结，进而造成无法跟伴侣联结，甚至无法与我们的孩子联结，特征主要表现为：缺爱感、不配得感、不懂得表达情感、无法接受挫折、对外嫉妒、对自己挑剔、自卑、无安全感、以自我为中心、焦虑、抑郁、茫然、对人生失去方向等。

接纳，是跨越这个障碍的解决之道。如果我们可以全然地接纳父母，将能量通道打开，释怀和放下我们的执着，便能看到其中的真相，赢回父母给我们的天赋礼物，即从一出生就获取的爱的能量。但如果我们当下实在对父母的过错无法原谅和接纳，或者已经和父母断绝联系，那也不必苛求自己，在提升认知后，时间是化解伤痛最好的解药。同时学会用有效的方法和我们的内在父母联结，向内在小孩真诚地表达关爱，无条件地接纳，不做任何批判，疗愈我们过去的伤痛，满足我们内心深层次的需要。

我们的内在父母是我们内在的接纳、关爱和智慧，更是我们意识中本性和更高自我的表达，它位于心灵的中心。当我们和原生父母的关系陷入无法改变的僵局，内心充满埋怨、抗拒，甚至怨恨等任何一种负面情绪时，我们需要看到的是这种回避型依恋或反抗型依恋，无法让我们走向内心的真正独立。我们应该停止在内心向原生父母以这样的负面方式索要爱，而要去找到你内在的本自具足。

每个人都可以成为自己的内在父母，而且无论是否觉察到，内在父母的形象其实早就在我们的内在系统中了。他们通常是以管理者或权威的形象出现，来监管我们的行为。比如在晚上睡觉前刷手机的时候，我们的内心会有一个声音告诉自己："这个点了还不睡，不是在作吗？"在失恋的时候，我们的内心可能会响起一个声音："谁让你找他这样的人了。"或者在无法胜任某个任务的时候，有个声音在训斥："我对你太失望了。"父母责备过我们的话会不自觉地在耳边回旋。这些声音，都是我们内在父母的声音。只是他们多以教育者、批判者的形象出现，无法给予我们内在的支持。

哪怕我们没有经历过理想中父母的教导，内在小孩也会在我们的内在系统中对自己的需求很明确。理想的内在父母一定是刚柔并济的，可以试着把自己心目中理想父母的形象用关键词描述出来，比如我的内在父母是情绪稳定的，对我无条件接纳和充满爱和理解，等等，描述得越具体越好。

每当我们的内在小孩开始撒野的时候，内在父母就会以理想父母的形象赶走现实中的“坏父母”，让那些自动化的批评模式暂停，取而代之的是安全、有力，且会给予更多信心的支持，那是一种“家”的感觉。因为这是我们本性的表达，也只有在“当下”才可以找到他们，即有意识地掌控我们内心的进程。这也是回到我们内在力量空间的另外一种表达。内在父母包含了关爱地接纳我们自身的意义。

一旦我们对“坏父母”的评判产生认同，就会觉得自己糟糕透了，甚至可能会觉得自己根本不配活在这个世界上。令人窒息的是，“坏父母”的批判常常是猝不及防的。智者希勒尔曾说过：“如果我不为了我自己，谁又会为了我？如果不是现在，那又是什么时候？”

所以我们需要熟练地掌握联结内在父母的三步法。

第一步：看见。在现实生活中，如果我们发现自己对待内在小孩的方式，正是父母当年对待我们的我们很不喜欢的方式，那这个时候就需要同时唤醒内在父母来接管。

第二步：沟通。当遭遇不合适的情感表达时，我们可以选择用更具建设性的方式沟通。比如，描述我们当下真实的感受和需要是什么，对方真实的感受和需要是什么，在这个场景里，什么样的表达方式是最恰当的，等等。

第三步：疗愈。给予自己所需要的情感表达，满足自己的情感需求，同时用所有的关爱和支持滋养我们的内在小孩。

在和内在父母的联结过程中，去找寻那一份原本属于我们的亲密感和幸福感。我们本自具足，精神世界也会由此得到进化和升华，满足我们内心最真实的渴望。获得内在的力量和价值感，这也是感受爱和获得探索外在世界的勇气的重要途径。

实践练习

1. 通过前面情绪日历的记录，找到这样的3～5个事件，准确描述你受伤背后隐藏的需求，并在其中找到这类事件的共性和专属自己的心理按钮。在生活中，通过对心理按钮的认知，可以把控事态的走向。

2. 对比原生父母对待你的方式，依照你的情况在下表中列举出具体的生活事件，总结你理想的内在父母的特征，同时写出你的态度和行为由此会发生的转变。

生活事件	原生父母的态度/行为	理想父母的态度/行为	你的转变
举例：犯错时			

3. 通过联结内在父母三步法，善待你的内在小孩并记录感受。

第19章

原来不是我的错：爱自己

回到住处后，慧婉主动招呼程锦和龚利出来吃芒果，她发现家里气氛有点不对劲儿。龚利窝在沙发里玩手机游戏，程锦边在厨房收拾着已经洗好的碗碟，边对龚利说："慧婉把芒果都买好了，还得喂到你嘴里吗？就不能过来帮个忙？！"

龚利不情愿地放下手机说："每次都是到关键时刻，被你搅局了。"说完，拖着慵懒的步子走了过去，用夸张的动作拉开袋子，其中一颗大芒果在桌面上滚了两圈，撞倒了桌角的花瓶，"咣"一声花瓶碎了满地。夫妻两人你埋怨我，我埋怨你，吵得很不愉快。慧婉感觉是自己挑起了程锦和龚利的矛盾，特别自责。她想到在自己的疗愈日记里，以前负面情绪都是以焦虑和恐惧居多，而最近则多是自责。同时慧婉脑海中闪现出小时候父母吵架的画面，这让她觉得这些“矛盾”是因为自己做错了什么。不过这个念头很快就被慧婉否定了，“程锦是我的闺蜜，他们夫妻俩肯定还有些别的什么事。”想到这里，慧婉马上过来帮忙把地上的花瓶碎片扫干净。龚利说自己约了朋友，摔上门就出去了。

慧婉看着眼前发生的一切，不禁惋惜曾经她眼里的模范家庭现在看起来比花瓶还要不堪一击。程锦说：“一摊到点什么事，他就像只缩头乌龟。”慧婉没料到程锦会这样形容龚利。程锦接着说：“千万别急着结婚，天天围着老公孩子转，没人看到你一天忙成什么样，累得要死最后还不讨好。”

慧婉不知道该怎么接话，忽然想到了天使姐姐画的第三道门，就有意换了个角度说：“龚利对你多好啊，你还记得他在上海追你那会儿吧。为了带你去吃网红火锅，自己连午饭都没来得及吃，就跑去排队了。”“得了吧，那是他自己想吃。”程锦翻了个白眼。

慧婉继续说：“前两天，你带孩子没睡好，我看龚利为了让你晚上早点睡，自己把孩子照料得妥妥的。晚上我还听见他叫醒你家老大去上厕所呢。”“是吧，我都睡着了。”程锦笑出声来。

慧婉见程锦笑了，自己也觉得舒服多了，就说："别身在福中不知福了，你们可是我眼里的模范夫妻呢！"

"你在这儿真好啊。"程锦暖心地笑了。

"我在你家这么多天了，给你们添太多麻烦了，明天我去找找住的地方。"慧婉真诚地说出自己的想法。

程锦听慧婉这样说，一下子认真起来说："不行，刘慧婉，我和你说真的，你就把我家当自己家，我真没拿你当外人。你一直住到把自己嫁出去都行。"

听到这里，慧婉笑出了声："谢谢你，好闺蜜。"然后，调皮地补了句："放心，我不会赖在你家不走的。"

慧婉回到房间，翻开《生命的重建》这本书，安静地读起来"10个爱自己的表现"，她还用心地在旁边做了标注。

1. 停止自责：构建自尊心和自我价值感。

标注 这点和陈默在一起的时候感觉就比较明显。最近这种自责感又冒出来了，一旦矛盾发生，我就像个做错了事的孩子，用自责来惩罚自己。现在我看清了，在小时候，我犯个小错误导致父母“过分责备”，或我没能达到父母“眼中的期待”，这些都是我自责的源头。我不该再用别人的错或自己的错误认知来惩罚自己。爱自己就是让自己感觉良好，我也会学着不再责备自己过去的选择。

2. 停止恐吓自己：别悲观。

标注 自从遇见天使姐姐后，我发现自己以前就像一只不撞南墙绝不回头的犟牛，而现在比以前更会转念了。这些念头和想法太重要了，对于同一件事，因为想法不同，真的会有不一样的情绪和感受，我相信一切都会越来越好。今天有个小惊喜，我发现学会转念也可以帮助身边人，这让我有满满的回馈感。

3. 温柔、友好、耐心地对待自己：精心养护自己的心灵花园。

标注 最近我每天都在练习冥想，扫除过去蒙在心灵上的灰尘，我理解了父母对我的伤害也是出于他们的“不得已”，他们的内在小孩也受伤了。虽然我还无法完全释然，但是我正在变好的途中，也耐心对待自己的成长。

4. 善待自己的心灵：每天静心倾听内心。

标注 冥想和瑜伽练习让我感觉放松，将我从痛苦的深渊中拉出来，看到希望。现在我几乎每天都会抽时间练习冥想，我比以前更平静和专注了，而且渐渐产生了慈悲心。

5. 赞美自己：自己配得上美好的事物。

标注 这点我还没开始尝试，具体应该怎么夸呢？还真不太好意思夸自己。好吧，我太美好了。

6. 支持自己：学会寻求团体支持。

标注 见到了Galan师兄，他给了我很大勇气。我的经历和他比起来真的是九牛一毛，而且我从他身上也学到了很多。他能做得到，我肯定也行！

7. 爱自己的缺点：接纳自己的不完美。

标注 父母离异有点遗憾，失去体面的工作也有点遗憾，陈默本可以是很好的伴侣却求而不得我很遗憾，但我已不再抱怨老天的不公，我要学着接纳所有的遗憾。至于我的缺点，发生了这么多事，现在没有方向，对生活、对感情，还有点自卑，但我会从静心疗愈中慢慢找到方向。

8. 照顾好身体：不自爱才上瘾。

标注 过去我常常自己吓自己，总预感有不好的情境发生，让自己紧张焦虑，情感压抑，长期失眠。手术后，我开始照顾自己，注意起居、饮食和生活习惯，爱自己从爱惜自己的身体开始！

9. 经常照镜子：爱自己的人，才敢于面对镜子里的自己。

标注 我挺喜欢照镜子的，只是还没尝试过对镜子里的自己说话。我对这点的理解是，做最真实的自己，找到自己的内在力量。

10. 现在就爱自己：一切从爱自己开始。

标注 以前从来没有想过我要先爱自己，才能吸引爱我的人，我一直觉得爱是别人给的。天使姐姐让我寻找爱的答案，虽然我还无法给出一个完整的答案，但至少现在我找到了爱的顺序，一切从爱自己开始。

合上书，慧婉给天使姐姐发了个信息报平安，也感谢她引见了Galan。

第20章

自信羡慕不来：瑜伽和身心健康

周五的傍晚，阳光洒在别墅的院子里，两个孩子在院子的一处角落玩挖沙子，程锦边看手机信息边对慧婉说："我们同胞群里，有人要组织明天一起去吃帝王餐呢，你也来吧，多出去认识点朋友。"

"哦，等我找到工作吧。"慧婉拉了拉手腕上的菩提手串，没精打采地说。然后，她下意识地摸了下胸前的疤，心里好想把自己藏起来，她感觉生活慢下来反而消磨了自己的斗志，缺少了某种动力。

"别扫兴了，大家都出门在外的不容易，多认识些人，以后也互相有个照应。"看着程锦一副认真的模样，慧婉拗不过，勉强地点了点头。

程锦对慧婉笑了笑，斩钉截铁地说："这就对了。"话音一落，她走到院子中央，给两个正在抢玩具的孩子当"裁判"，规范"玩具分享"的规则，然后蹲下来跟孩子们一起挖沙子。

看着程锦和孩子们在一起玩的幸福样儿，慧婉内心充满了羡慕和向往。程锦有份收入虽然不算很高但在当地也算体面的工作，住着大别墅，生了两个娃，有一个虽然有时会吵架但很爱她的先生。相比之下，自己却是这般落魄，现在连出去见新朋友都让她觉得有点"可怕"，漫长的疗愈之路看不到尽头。

慧婉想着给自己找些事情做，于是决定去Galan那儿体验一节瑜伽课。虽然她以前也在健身房接触过瑜伽，但对这种又要拉筋又要注意呼吸的运动是既恨又爱，恨的是课堂上的慢节奏让她觉得难熬，爱的是练习完之后确实非常舒爽。自从天使姐姐教过她瑜伽冥想中的放松休息术之后，显然，她已经对瑜伽没有那么排斥了，况且还认识了师兄Galan，她现在甚至对瑜伽练习有种莫名的向往。

到了瑜伽馆，慧婉看到Galan正练得起劲儿，就没有打扰，在旁边等了一会儿。她看到Galan在练习中，呼气、吸气，像极了一只站在悬崖边却安稳如山的老鹰，目光专注而柔和，双臂上抬时就像雄鹰展翅，轻盈却有一种无法形容的震撼力，隐约透露出当年商场领军人物的“杀气”。Galan肢体协调，呼吸和动作配合得恰到好处。慧婉自叹不如，合计着眼前这个50多岁的男人身体的柔韧性和力量感都比自己强。

“慧婉，你来了。”Galan转过头，落下双臂收回神来，赤脚站在瑜伽垫前端，话音里渗透着一份平静，他示意慧婉也拿一张瑜伽垫来。

“我可不行，不像师兄练得那么好。”慧婉不知哪来的扭捏，一边摇手一边半推半就地说。

Galan笑了笑给慧婉摊开瑜伽垫，自己也俯身盘腿坐下来说：“瑜伽没有你想象得那么难，谁都能从瑜伽中获益。”

慧婉听师兄这样一说，便好奇地问：“师兄，到底什么是瑜伽？练习下来都有什么好处呢？”

Galan坐在瑜伽垫上认真地回答：“瑜伽是哲学。”

“啊？那我之前不是都白练了？”慧婉瞪大眼睛不解地听着。

清理、蜕变

Ceci

兹舞

Galan补充道："我更觉得它是一种生活方式。《瑜伽经》里给出的瑜伽有三种技法：呼吸、冥想、体式缺一不可。呼吸提升能量，冥想让我们更专注，体式的练习让我们身心灵合一。练习瑜伽这么多年，除了把身子骨练得还行，它甚至还改变了我的心性。"Galan停顿了一下，然后从认真转为半开玩笑地说："你看自然界里那些喘气快的，比如猫、狗，寿命都不长，而喘气慢的，比如乌龟，都是长命百岁的啊。"

慧婉半信半疑地问："说体式让身体更健康，我能理解，但改变一个人的心性……"

"来，你自己试试。"Galan邀请慧婉站在刚才摊开的垫子上，这次慧婉没有拒绝。

Galan不愧训练有素，指导非常专业："先站在垫子的前端，调整三次呼吸。吸气双手向上，眼睛看向双手之间。呼气，折叠身体，腹部靠近大腿，拉长整条脊柱。"

慧婉折叠身体时，使劲儿伸了伸自己的后背，但感觉腰好像完全不听使唤，这又让她想到了蜗牛的壳。

"再一次吸气延展背部，呼气，腹部靠近大腿更多一点。"Galan耐心地指导着。

可慧婉打心眼儿里觉得自己不适合瑜伽，长期不锻炼的“千年老筋”实在很难被拉伸开，又怕自己受伤，她显然愈发对自己失去了信心，刚想站起来不练了，就听Galan放慢语速，好像要把某种能量传递给她似的：“再放松一些，把注意力放在你的呼吸上，尝试和你的身体沟通。吸气，感觉脊柱一节一节地向上延展，呼气，用腹部去找你的大腿。”

慧婉认真地照做了，这次居然成功了。“太神奇了！我居然做到了。”

“刚开始的时候我和你一样。看着别人练的时候觉得体式不是特别难，估计也是年纪大了，到自己做的时候每个动作都像在煎熬。”Galan自嘲地说道。

“师兄，我能体会你之前说的，瑜伽对我们心性有影响。比如，刚才我能做到这个瑜伽动作真把我给乐坏了，自信心爆棚，还想继续练习。这和我刚进来时的感觉真是天壤之别。”慧婉惊讶于自己的觉察力，后面马上小声嘟囔了句，“我要是真能自信点就好了。”

可Galan却摇摇头看着慧婉说：“其实你想要的并不是自信本身。”师兄好像猜透了她的心思，一针见血地接着说：“你是想要通过自信达到某种目的，或者想在生活的某些方面做得更好。”

慧婉想起来之前不想去参加同胞聚会正是因为觉得自己一无是处，在别人面前抬不起头来。其实，确实如Galan所说，慧婉别提有多希望自己情场得意、事业有成、广交朋友了。想到这里她顿时有些伤感，默不作声。

Galan看出了慧婉低落的神情，于是讲起了自己的心路历程：“我在第一次投资失利的时候，就开始怀疑自己，感觉自己什么都不行。天使姐姐开导了我，她和我说过这样一句话：**自信**是指个体对自身成功应付特定情境的能力的估价。既然是我们给自己的评价，那难免就会有些主观，所以它和我们本身的感觉和行为有关。”

路斯·哈里斯在《自信的陷阱》中给出了自信的两个定义：一种确信或笃定的感觉；一种信任或信赖的行为。

缺乏自信的五大原因是：过高的期望值，苛刻的自我评价，过分关注恐惧，缺乏经验，缺乏技能。

由此我们可以找到如何建立持久自信的途径，即通过不断输入知识提升心智，觉察自己的思想，并学会管理情绪，最终通过控制行为，先制造出一系列小的正向经历和结果，促进积极感受和情绪，从内心认可自己，由此迈向更大的成就，从生活中逐渐获得满足和成就感，打造一个自信的闭环。

“我也想自信起来，关键是看到自己身上这么多缺点，别人都那么优秀，实在自惭形秽。是不是我的关注点放错了？”慧婉不解地问。

“你有缺点，但也有很多优点，比如，我看到了你愿意尝试新事物。我的感受是，把自己看得越清楚，就越能了解自己的优缺点，头脑就越清晰，形成一个自信的良性循环。优点咱好好保持，缺点就去提升喽。至于别人怎么样，那是他们的事，咱先做好自己。”Galan说完拍了拍慧婉的肩膀。

“我会好起来的。”慧婉心里默念着，同时脑海里闪现出小时候她没完成作业，被妈妈当着很多同学的面在班级门口劈头盖脸地骂了一顿，还把作业本摔到自己身上的场景。慧婉清晰地记得，当时她的脸灼热不堪，眼泪模糊了眼眶。自从那以后，慧婉的内心就滋生了没做好就要遭受惩罚的恐惧的种子。在往后的生活中，她表面上很要强，实际上坚守的都是别人的准则。无论是在感情上还是在事业上，慧婉好像渐渐看到自己在过去是怎样一步步把自信给弄丢了的。晃过神来，慧婉不知从哪里萌生了一股勇气点点头说："确实，每一小步的成功，尤其是在自我思维和感情上的肯定，坚持自己的价值观，每次都会给自己一点动力，这也是给自己提升信心的基石呢。"

Galan认同慧婉的话，并补充道："最重要的是，做成你想做的事。"说完，Galan把多年前自己跟天使姐姐进修时的笔记分享给了慧婉。

我知道我一直都做到了最好，因为过往我的每一个决定和行为都基于我当前的意识水平。我是不可能超越当前的意识水平的，因为它是我理解一切事物的基础。而且我深深了解到：有缺陷的意识会导致一段有缺陷的经历，不久后我可能会为自己的行为感到后悔。但是，由于一个人的意识总是处在某个特定水平上，因此，我的所作所为都是我当前最好的表现，即使这个"最好"是有过失的或不明智的，所以我学会了臣服于自己当前的决定和行为。

事实上，当前我只有唯一一个选择，它受我当时意识的支配。现在，我不会再责备自己，也不会再为任何结果而感到恐惧，因为我已经走在疗愈的路上，我一直在做的功课也是在改善自己的意识水平和信念系统。新形成的意识会为我提供做出良好改变的方式和动机，最终让我从认知中建立深刻的自信。这将成为一个崭新的良性的自我循环。

因为只有在自我审查和自我提升之后，才能得到积极的结果和反馈，而这些积极的答案会建构一个自信的闭环，帮助我实现梦想。

疗愈心语

我们说一个人自信与否，原本是描述这个人在社会适应中的一种自然心境，也可以理解为尝试用自己有限的经验去把握这个陌生世界时的那种忐忑不安的心理过程。这里我们必须清楚一件事，即信心其实是成功后的良性情绪。

我们可以通过挑前面的位子坐、练习正视别人、把你走路的速度加快25%、练习当众发言等方法建立自信，然而这些并不是我们恢复心底持久的自信的根本。

杰出的哲学家和心理学家威廉•詹姆斯曾经说过：“我们这个时代最伟大的发现，就是人们可以通过改变自身的思想观念，进而改变自己的生活。”这句简单的话里包含着一个真理：无论我们经历了什么，我们并不是受害者，而是生活和世界的创造者之一。

此刻，请你邀请内在小孩一同前往，并告诉他，你并非自己所认为的那种人，其实，只要你想，就会成为你想成为的人。

自信是建立在内心的确信和安全感之上的，而内心的确信和安全感取决于我们是否已经弄清楚是非对错。怎么理解呢？也就是说，越能看清自己的优缺点，自己的头脑就越清晰。认清事实，才能获得自由，时不时地审视自己的信仰和观念尤其重要。对世界所能做的改变，就是改变自己和对自己负责。

我们会看到生活中有些人甘于平庸，这似乎成了他们的一种生活方式。不满的情绪使他们把自己的失败和失望归咎于社会、他人、境遇和周遭。

生活就是我们思想的外在呈现。我们几乎将一切构成生活的元素都囊括了进来，包括工作、婚姻、健康或其他私人事务，无论好或坏，开心或悲伤，成功或失败。莎士比亚说：“我们了解自己的现状，但无法预知将来。”树立自信的必要条件之一，就是满足我们自己内在的需求。

改变人生的唯一方式，是开始真正掌握自己的命运。我们应该放下过去的一切，在每一个当下，全力满足自己的需求。这是获得自由的唯一出路。肉体上的束缚只不过是对过错的一种惩罚，而精神上的禁锢却是——如笛卡尔所说的“死寂而绝望的生活”。我们必须经历从“读懂”到“完全领悟”这样一个过程，对某一事物的真正理解体现在我们的思维、情感、行为和反应中。

请继续保持和内在小孩的交流。还记得吗，小时候，我们从来不知道也不在意周围的世界在上演着什么，我们只关心自己的幸福。无助的我们会逐渐对他人的施与和帮助产生依赖。我们最大的幸福是被人呵护和关爱，最在意的是尽可能多地引起别人的注意。很快，我们的内在小孩就会发现，哭声可以唤来一个大人的照顾。

我们需要看清楚，越在乎某个人，就越应该警惕我们是否剥夺了他独立思考和行为的权利，而不管他思考和行为的结果怎样。我们必须给予他人自由，让身边人明白在成长的道路上有些事是必须自己独立去面对的，而我们只需在适当的时候给予帮助。回归到我们自身的需求也是一样。

没有独立能力的人，只能选择依赖或操纵别人去满足自己的需求。

而顺从是人类最大的心理弱点之一。顺从的人希望得到别人的肯定。可怕的是，这样的人永远不会满足，他要不断地从别人那里寻求赞美和认可才能填满内心的无底洞。

攀比也是自信心不足的表现，总拿自己与别人做比较的人其实生活在恐惧的阴影里。

人们在对自己的能力没有把握时，才会与别人竞争。竞争只是模仿。任何形式的竞争都带有敌对的性质。如果和自己的内在小孩相拥，就会逐渐明白，人类生活在这颗星球上，目的是要创造，而非竞争。

有独立性格的人认为没有竞争的必要。因为他们不需要注意别人在做什么或者要去超越别人，他们有了解自身的能力，精进每一步，并一直努力做到更好。他们唯一的竞争对手是自己，最终的目的是要不断完善自我，实现更多理想，完完全全地体验生活。

对赞美的追求也意味着我们必须不断证明自己的价值。是什么让我们对“赞美”如此迷恋？我们的内在小孩知道答案，那就是我们在孩童时期对父母认可的依赖。赞美和责备是父母控制我们的手段。如果我们顺从，就会得到奖赏；如果反抗，便会受到惩罚。

奖赏和惩罚体制是如此根深蒂固地深入我们的潜意识和中枢神经系统，以至于我们会对任何形式的赞美和责备产生条件反射。与孩童和少年时代我们努力取悦父母一样，作为成年人，我们会用余生的大部分时间和精力来取悦他人。

我们需要丢弃认为别人比自己优秀的念头，不要以任何理由去仰视任何人，这样才能逃脱追求他人认可的怪圈，不再受到赞美的诱惑或责备的胁迫。

在人生的舞台上，我们有多自信，就能走多远。

总结以上的内容，增加自信，需要强化对自我的认知，并持续学习，不断扩大自己的能力圈和认知水平。当我们有足够的安全感和人格的独立性时，才会慢慢建立起自信的根基。当然，做任何事情，我们必须投入十分的精力去完成，用持续的成功建立正反馈，形成自信的良性闭环，最终抵达内心的渴望。

实践练习

建立自信的10个要素包括：自我价值感、不和别人比较、对赞美/认同的需求、认知优缺点、认知自己的潜能、自我肯定、决定和行动力、对他人的依赖感、忠于内心渴望、自我提升的投入。

针对以上10个要素，在下表中给自己打分，对自我评分低的要素写出提升计划。

建立自信的 10个要素	自我估分	分值分析	提升计划
自我价值感			
不和别人比较			
对赞美/认同的需求			

续表

建立自信的 10个要素	自我估分	分值分析	提升计划
认知优缺点			
认知自己的潜能			
自我肯定			
决定和行动力			
对他人的依赖感			
忠于内心渴望			
自我提升的投入			

第三部分

跟自己和解和心想事成

第21章

镜子里的疤：限制性信念

慧婉和程锦一家如约来到了纳兰文化村的半露天餐厅，亭台的挂灯都是白色围布的面料，灯摆随着人头的攒动在半空中优雅地摇曳，大红色喜庆的桌布映衬着在此欢愉的人们。除了席地而坐的客人，场地中到处是走来走去的人，几乎每个人的穿着都有一种纳兰古都神话般的戏剧感，让人分不清是招待还是演员。舞台在厅堂最靠里的地方，布景和灯光颇有节日的氛围，仿佛即将上演一台好戏。

人们在餐厅的地上铺了一大块凉席，围着一张矮小的圆桌席地而坐。在离舞台不远的地方已经有同胞到场了，程锦一家人和熟络的朋友们互相寒暄，慧婉也开始主动地投入社交。这还要归功于上次和Galan的聊天，让她挖掘出了自己身上的一些优点：学习能力强、行动力强、有耐心、擅于聆听，她将它们写下来，让自己有种心理印证的仪式感。

慧婉已经开始试着把关注点放在自己的优点上，这样做更让她能看见自己的“心里美”，整个人也拥有了一种由内而外的力量。至于缺点，她也找出了一大堆，并分别做了提升计划。莫非这就是在“根植”自信？自我暗示的力量还真是强大。想到这里，她的嘴角向上翘了翘。除此之外，她发觉自己好像有第六感，能灵敏地觉察身边人，所以也渐渐对参加这种“联谊”活动不再像以前那样反感了，甚至心里还期待着有什么机遇呢。

参加聚会的人越来越多，熟悉的老朋友坐在一起，刚认识的新朋友也相邻而坐，大家有说有笑，好不热闹！这里简直就像被中国人包了场，慧婉没想到今晚这么多国内的同胞能齐聚一堂，大队伍还真是壮观。

泰北的民俗表演称得上一绝，音乐、舞台、舞蹈引人入胜，只是“帝王餐”的叫法名不符实。餐食本身只是泰北人日常生活中的普通菜式，烹饪水准也与“帝王”级无关。尽管这样，餐厅的音乐、灯光和气氛还是应情应景得恰到好处。

“慧婉，你不也是东北的嘛。”慧婉正目不转睛地看着演出，被刚认识的一个北京大姐叫回了神。她一边热情地介绍着自己邻座的大男孩给慧婉认识，一边比画说：“这个小伙子也是东北的。”

话音刚落，慧婉就被眼前这个健硕好看的大男孩吸引住了。他的声音和表演的音乐声交织在一起：“我叫张洋，东北来的。”

“我叫刘慧婉，上海来的。哦，不，我老家在哈尔滨。”慧婉的脑子好像突然卡了壳。

在异国遇见了东北老乡，两个人都顿感亲切，张洋顺势坐到慧婉边上。聚餐的整晚慧婉和张洋你一句我一句地谈天说地，从泰国聊到了世界，从人类意识聊到了宇宙。张洋说自己自从来了清迈以后，整个人更能静下来了，有空的时候还能看很多心理成长方面的书。他还说特别喜欢大自然，到了清迈，他简直成了大自然的“探险家”，恨不得天天在户外野营。慧婉也深有感触地告诉张洋，每次不管遇到什么不顺心的事情，只要到外面河边走一圈，烦恼好像就减半了。

张洋专注地看着慧婉，认真地聆听她的诉说。这让慧婉的内心不禁小鹿乱撞，打心底里产生一种和男生从未有过的默契感。

民俗表演结束的时候，熟悉的散场曲响了起来："甜蜜蜜，你笑得甜蜜蜜，好像花儿开在春风里，开在春风里。在哪里，在哪里见过你，你的笑容，这样熟悉，我一时想不起……"全场的中国人面面相觑，随后都跟唱起来，场面温馨甜蜜。张洋用他那深邃得好像一潭黑棕色湖水的眼睛望向慧婉，他们不约而同地笑了。

"这可能是泰北人在向咱们中国人表示友好，据说这家店的老板也有1/4的中国血统。"张洋凑近慧婉的耳朵说。

慧婉顿时觉得耳根发烫，心里早已乱作一团，余光打量着身边穿白色衬衣的张洋。这个男孩有着好像被阳光亲吻过的古铜色皮肤，浑身上下散发的质朴和不羁的气质，让慧婉全然陷入了回忆之中。

慧婉想起自己高中的时候就喜欢听邓丽君的歌，那首《初恋的地方》唱的就是她第一次对隔壁班的男生产生好感、情窦初开的感觉。庆幸的是，这种埋藏已久的感觉居然重新找上门了。

"我来清迈还有一个主要原因，"慧婉对张洋敞开心扉说，"就是来看看年少时最喜欢的一代歌后邓丽君生前最爱的地方，她把生命的最后一刻留在了清迈。”

“我也喜欢邓丽君，百年难得一遇的声音，那叫一个柔情似水啊。”张洋笑着说完，自然而然地望向慧婉并和着歌曲唱道：“是你，是你，梦见的就是你。”

没想到这个高大健硕的大男孩也有感性的一面，慧婉也跟着一起唱了起来：“在哪里，在哪里见过你，你的笑容这样熟悉，我一时想不起，啊——”

歌声落下，张洋神神秘秘地说：“我想起来一个特别的地方，明天有空一起去逛逛吗？”慧婉想都没想就答应了。

终于盼到了第二天清晨，吃过早饭后，张洋骑了一辆红色的小摩托车来接慧婉。

程锦警告慧婉小心点，她觉得这个男人看着有点不务正业，成天到晚骑着摩托车闲逛，而且听说他的感情经历非常丰富。可慧婉顾不了那么多了，因为她了解的张洋和闺蜜口中的张洋绝对是两个人。

慧婉深吸了口气刚推门走出程锦家的院子，就听见在门外等候的张洋不见外地打趣道：“看起来某人昨晚休息得不错啊。”听到这句话，慧婉一下子轻松下来。虽然只隔了一个晚上没见，但再次相约的画面在她脑子里仿佛上演了无数次。

“还说呢，昨晚脑子里响了一宿邓丽君的歌。”慧婉也开玩笑地附和。

张洋跟着笑出了声，转身骑上摩托车并招手让慧婉坐上后座。慧婉一路上感叹眼见为实的美好。这是一个充满丰饶植被和慷慨日光，以闲暇著称的古城，很多中国人来这里读书、创业、养老，这里的慢让所有人看起来闪烁着生命本质的光芒。

不知为何，空气里弥漫着一股迷人的自然芳香，张洋给慧婉讲述自己怎样成了背包客、世界的游民，独自一人走了50几个国家，最终在清迈落脚的奇妙经历。“很多人根本不了解清迈。”张洋边指着他们驶向的丛林边说，“别人口中的清迈，有寺庙、古城和慢节奏的生活……其实，除去这些静止的标签，我今天带你看看清迈动感、野性的一面。”

慧婉还没来得及应答，摩托车便带着慧婉飞快地驶入一片广袤无际的原始丛林，顺着崎岖颠簸的小路，骑行了足足三刻钟。途中尽是奇花异草，他们还偶遇了色彩斑斓的鹦鹉，墨绿色的树蛙，就在一片茂密树林的转角处，跃入眼帘的是多滩造型奇异的低矮瀑布丛，光滑碗状的岩石，潺潺不息的水流，在太阳的照耀下散发出一束束七彩的奇光。慧婉觉得好像身处不同的时空，她一时找不到合适的词汇描述这里的美，就问张洋："这里应该不是普通的景点吧，你怎么找到的啊？"

"好奇心！"张洋坚定地回答，活脱脱一个在树林里骑行的探险家。"地球就是个大型游乐场，只要你愿意去探险，总会发现意想不到的惊喜角落。我想把自己的神奇发现分享给更多的人，于是打造了我的野外探险车队……"张洋没有任何隐瞒地告诉慧婉自己的"创业史"，他发现清迈的典型旅游区有很便捷的往来交通资源，而这些真正应该被更多人看到的大自然的妙斧神功，却因为难以抵达而无人问津。如果从这个角度着手去"满足市场需求"，不仅能天天做着自己喜欢的事情，而且也会有不错的收入。张洋在讲这些的时候，眼里闪烁着一种慧婉向往的光芒。不得不说，这是慧婉听过的最与众不同的创业之路了，面前这个大男孩的独立和自信在她眼里开始发光。

张洋停下摩托车，两个人驻足在瀑布丛前，陶醉地欣赏着眼前的一切。河流不湍不急倾斜而下，河道旁的野花好像喝醉了酒似的涨红，绿油油的叶子在一旁也笑弯了腰，微风拂过，一束束野花随风飘动，好像在欢快地舞蹈。慧婉下意识地用右手抱住左臂，张洋见势说："要不要抱抱你啊。"这股憨劲儿让慧婉娇羞地欲拒还迎，脸颊蒙上一层红晕。他们像一对形影相伴的麋鹿，站在杂草丛生没有人烟的丛林地里互相勾搂着脖颈，静静聆听来自彼此和大自然的呼吸。羞涩的阳光悄悄躲进另一个世界，欢愉的飞鸟在叶片间穿梭，河边的蛙鸣虫叫为他们的友情伴奏。天色渐渐暗下来，身边的一切声响也渐渐息落，所有生命都将进入睡梦前的混沌中。

两个人不慌不忙地往回折返，慧婉被张洋护送回家之后，颅内好像被注入了多巴胺，意乱情迷的同时，总是不自觉地微笑，陶醉在她和张洋在一起时的种种美好之中，同时期盼着下次的约会。而在临睡前洗澡褪去衣襟的时候，慧婉愣在镜子前一动不动，嘴角的笑容被自己胸前一道丑陋的疤痕冻结，她不忍直视自己身体的缺陷，迅速用手遮挡住了它。她的心突然开始抽搐，眼泪一涌而出，慧婉在内心看见一个小孩，强行拖拽住自己潜意识的信念，正在撇着嘴用瞧不起的神情挑衅她："谁会爱上这样的你？你不配拥有美好的爱情。"

疗愈心语

我们每个人都拥有无数的信念，却无法将它们完全说清楚，因为绝大部分的信念都存在于潜意识中，不能完全呈现在我们的意识层。积极的潜意识信念能使我们快速地想尽各种办法，搜集各种资源促成行动和创造，最终达成愿望。而其中一些限制性信念就像是来自海底的旋涡，有着巨大的威力，会在不经意的瞬间将我们吸入，使我们深陷其中，痛苦不堪却无法摆脱。

如果我们的内在小孩被这些限制性信念绑架，他们就会以各种各样孩子气的表达方式吸引我们的注意力，让我们顿感扭曲和拧巴。疗愈内在小孩的过程，就是再次找回内在天真烂漫的部分，剥离掉限制性信念，让内在小孩感受到无条件的接纳和爱，并带着这份内在的力量去创造。

那么，生活中我们怎样可以辨别出潜意识中的这些限制性信念呢？我们每一个想法的背后都隐藏着信念，通过经验的打磨，信念会牢固地存在于我们的思想中，所以生活中的经验是信念产生的必要条件。但问题是，由于经历有限，在我们的信念系统中就会有很多信念来自我们的某一特定经验，而这个特殊的信念可能只适用于过去的某个特殊情境，但放在另外一个情境中就不适用了。当我们的信念还停留在过去的某个特殊情境而没有随着新境遇的改变而改变时，这些信念就会给我们当下的生活造成很多麻烦和困扰。这也就是我们所说的限制性信念。

首先，了解限制性信念是如何形成的，会帮助我们提升认知，从根源自我疗愈。在我们成长的经验中会有一个行动—结果模式，做某件事就会产生某个特定的结果。比如，在我们成长的环境中，小时候每次不完成作业或者考试考不好都要挨骂挨打，不被允许出去玩，甚至产生不被爱的感受，那么我们慢慢就会在潜意识的信念中被动地种下无价值感，会觉得自己只有做出成绩才会被接纳，将被爱建立在某种条件之上。

我们常常会忽略一个重要的事实：一切都是在变化之中的，包括我们自身的成长。我们只是从过去某一个特定的角度去看待事情，并由根据自己的“经验之谈”形成的信念左右当下的行为。而这些信念可能不只来自自身，也有可能来自我们成长的教育环境，比如我们的父母、师长和对我们有深刻影响的人。我们的长辈会把自己认为“好”或者“不好”的价值体系全盘灌输给我们，而这样的影响是潜移默化并伴随至今的。

包括在我们的思考中会有一些错误的逻辑，比如在做某个决定的时候会计算投入与产出比，衡量自己在某件事或者某个人身上要投入的精力、时间和代价，最后可能会得到怎样的结果和回报。这个思维逻辑模型虽然没错，但我们无法全面地评估自己做某个决定是否真实可靠，而是根据自己过往的经验将之泛化，结果也可想而知。

如果没有成功，则将失败合理化，大脑很会为自己开脱，而这些所谓的借口也会变成我们的限制性信念，阻止我们找到从本质上解决问题的方法。

然而这一切的根源可能来自我们内在的恐惧，在成长中我们害怕被拒绝、被忽略、被批评、不被爱，而这些日积月累的恐惧感都会演化成限制性信念储存于潜意识中。

现在让我们清晰地看见它们，限制性信念通常分为无助、无望和无价值三种。

①无助。具有这类限制性信念的人通常认为自己无法改变现实，整个人被负面情绪掌控而看不到希望，有一种深深的无力感，常常想得多却付出得少，会把原因归结为环境和其他人身上。这种信念让人有种被害者心理，觉得自己有某方面的能力，但因为大环境无法施展或者不被允许运用自己的能力去解决一些问题。

有这种信念的人常常在成长环境中被剥夺了自己“勇闯天下”的机会。比如，小时候，常被父母过于包办他们力所能及的大多数事情，或者被强行按照父母的意愿去做一些自己不喜欢的事情，或者总被父母拿着自己的弱点和“别人家的孩子”做比较，让他们自卑。日积月累，这些经验会培养出一个“自己没有办法解决问题”的人。

②无望。这种限制性信念是极具杀伤力的，若不经疗愈，它可能会发展成无望型抑郁。这种信念常常伴随绝望的归因方式。比如，当他们失去了对某事或某人的控制时，动机就会减弱，变得消极被动，会觉得无论做什么都无法控制环境中发生的事，不光自己做不到，别人也可能做不到，甚至没人能做到，这就是不可控性的泛化，进而产生无望感，最终导致无望型抑郁。

③无价值。如果在成长过程中，常常感受到被忽视或者持续不被爱，他们就会觉得人生是没有意义的，这是由于价值感缺失带来的虚无感。在他们的深层信念中，那些“我不配”“我不行”“我没有用”“我没有价值”一旦被放大，他们就会找不到继续生活下去的勇气和意义，这将是非常可怕的。对当下的生活感觉空虚无助，对自己的未来无比焦虑迷惘，在人际交往中无法建立和谐的关系，而这种心态无疑会影响他们当下的思维模式与行为方式，很多事后悔恨、懊恼的决定与无意识行为就是在这种状态下做出的，影响他们当下的生活质量。

一个人之所以强大，是因为其内心懂得破除那些限制性信念。只有破除了限制性信念，人才会持续超越自我。

实践练习

1. 心理学家弗洛伊德曾在实验中提出：一个人给予潜意识的指令越清晰，给自身带来的帮助就越多。

限制性信念是在童年和成长过程中形成的，而未被疗愈的内在小孩会在余生的路途中继续创造着相似的经历，使之符合自己的信念。此刻，放下书，停下来思考一分钟，回顾自己的人生，你会发现有很多经历和感受都惊人地相似。这都跟你的限制性信念发出的指令有关。只有重新输入积极的认知才会激发内在小孩的潜能，从而拥有强大的内心。

以下是帮助内在小孩破除限制性信念的六步法。

第一步：捕捉限制性信念（显然的限制性信念和隐匿的限制性信念）。

①显然的限制性信念。限制性信念引发的行为一定会给生活制造困境，所以先找到生活中觉得不满意的地方。比如，你

很想有一份自己喜欢的工作，并且能赚很多钱。但事实是，你目前正在抱怨自己的工作环境、收入，时常还会看见自己脑海中有诸如此类的想法：嫉妒别人有钱，说有钱人的财富都不是从正道获取的，或者别人有钱都是因为家境好/学历好/运气好，等等。总之，你会将自己的现状合理化为自己无法逾越制高点，那么你就捕捉到了一条限制性信念。

除此之外，有的人还会自圆其说，并且举出身边多个例子去证明自己的信念。这也是信念运作的方式：你想什么，就会吸引什么样的生活。你只有开始打乱头脑中的信念编码，放弃执念并不再故步自封，这个限制性信念的魔力才会逐渐消失，让你从阴霾中走出来。

②隐匿的限制性信念。限制性信念并不总是以清晰且顽固不化的形式显现的，它也会隐藏在很难发现的思维当中。现有认知让我们知道要积极乐观地面对生活中的种种际遇，然而遇到某些不如意时，我们还是会不自觉地产生相应的负面情绪，此时你就会有据可循地依照自己的情绪对应到相关的信念。

每一种不同的情绪可能代表不同的信念，比如当在面对未来的不确定性而显得无助和焦虑时，可能就说明你认为自己没有能力应付将来的未知等。

第二步：感受情绪。

捕捉到限制性信念后将它们写下来，而这一步的难点是：你需要让自己沉浸在当下发生的负面情绪中，不要逃避也不要隐藏任何情绪，让光照进你生活中的不如意，完全地感受这些不如意带给你的痛苦、悲伤、愤怒、内疚或其他种种情绪。

第三步：用旁观者视角。

让自己逐渐从情绪中抽离出来，用旁观者视角，意识到自己已经成为一个充满智慧的成年人，安抚你的内在小孩，这些都是来自不真实的信念，不是事实，好好感受它并找到情绪背后的真实想法和需求。

这将是充满挑战的，因为你已经经历过反复验证的所谓“事实”，而如今你却要用一己之力推翻它。你需要放轻松，因为你做的只是一个选择，只要你由衷希望获得理想中的生活，和内在小孩握手言和，这个限制性信念就很容易被推翻。相反，如果你对它的执念很深，你的目标就无法达成。你为它做的每一次辩解，都会让它在你的脑海中更强大。作为一个理智的旁观者，你要相信它只是过往的一个信念而非事实，过不了多久它就会烟消云散。

第四步：信念取代。

从不同的视角和感受分析，当你用一个积极正面的信念去代替旧有信念的时候，你内心的感受是怎样的？你的内在小孩是否得到了安抚？观察你的情绪变化，感受内心是否充满了力量？如果你的回答都是正面的，那么这个新信念就是对你有帮助的。比如，你希望自己更富有，之前你总觉得有钱人的财富都不是从正道获取的，取而代之的新信念可能是，你从别人身上学会了抓住机遇、迎难而上的品质，找到了对自身发展有益的关键点。

第五步：采取行动。

很多人畏惧行动，是因为需要跨出自己熟悉的领域去探索新的路径，这时一定会充满恐惧或者在尚未开始时就说服自己不要行动。这个时候要告诉自己，只有当行动符合信念，这个信念才会被验证。比如，你想要减肥，给自己找到了一些新信念，那么你必须采取行动。刚开始你会不习惯，也会有怀疑，但行动持续一段时间后你的身体和感受会告诉你答案。

第六步：嘉奖自己。

按照要求做到了以上五步后，就要积极地嘉奖自己，无论是物质奖励还是精神奖励，都会让你信心倍增。鼓励自己的内在小孩继续探索，在不断巩固自己的新信念中，你的内心会坚不可摧。

仔细阅读上文并填写下面的表格，一起见证破除限制性信念是如何改变你的生活的。

步骤	第一条限制性信念	第二条限制性信念	第三条限制性信念
第一步：捕捉限制性信念			
第二步：感受情绪			
第三步：用旁观者视角			
第四步：信念取代			
第五步：采取行动			
第六步：嘉奖自己			

2. 扫码练习建立自信冥想。

第22章

又闻鼠尾草：跟随你的心

“我想你了。”慧婉收到了一条期盼已久的信息，是张洋发来的，虽然他们才刚见过面。

可看到这条信息，慧婉不知怎么的并不如意料中的那般欣喜，自己的心反而一下子被揪了起来。她心里想，和张洋几次约会下来，一边是被爱冲昏头脑的兴奋，另一边是在夜深人静的时候，被“你不配”“你不值得”“这不是真的”诸如此类的声音纠缠，她觉得非常沮丧。

慧婉毅然决然地把手机丢到沙发上，刻意地回避张洋。她在房间里走来走去，越想越不对劲儿，她明明很期盼张洋的信息，却不知道如何回复；明明内心很希望见到他，却找各种理由拖延。更令慧婉费解的是，她开始处处寻找张洋的“破绽”，自打听闺蜜说张洋的情史太丰富，慧婉总想着能从哪里挖出来点他的“丑闻”。

“爱到极致不就是互相折磨吗？”想到这儿，慧婉突然警醒，脑海里响起了天使姐姐的声音：“看见了，就别去发展它，而是让它流动。”她痛过也哭过，努力地尝试不去发展这些念头，她知道是自己的潜意识在作怪。于是她让自己振作起来，打算找师兄Galan聊一聊。

Galan说这几天他的瑜伽馆在做清理，感兴趣的话可以来看看，正好也想介绍一个新朋友给慧婉认识。慧婉刚到瑜伽馆的门口就闻到了一股浓郁的芳香，让人顿感轻松安宁。这个熟悉的味道让她想起天使姐姐的工作室，那里也有如出一辙的清香。

走进房间，只见一个穿着白色棉麻质地套装、个子不高的秃头老外手持一捆鼠尾草，正在瑜伽馆门框和窗子周围晃来晃去。Galan见慧婉来了，上前招呼并介绍说：“慧婉，这位是美国加州的香料大师Master Jason，曾在美国瑜伽联盟工作，他也是一位资深的yogi（瑜伽师）。”

“香料大师？”慧婉正当纳闷这是个什么工作时，秃头老外已经热情地拿着手里的鼠尾草熏香，满脸笑容地绕着慧婉身旁划了一大圈。这下还真是让人神清气爽，有种好像被洗礼的感觉。虽然慧婉从来没有任何宗教信仰，但她确实瞬间被这个人的气场震慑住了。可她看着Jason有点滑稽的动作，扑哧一声没憋住笑了出来，心里又想“这个老外还真挺有趣”。

慧婉说着一口许久未用已经生涩的英语和老外聊了一会儿，发现这个叫Jason的外国人不仅有趣而且见多识广，对中国文化也非常热爱。他指着鼠尾草问慧婉“How do you say this in Chinese？”（鼠尾草用中文怎么说？）“鼠——尾——草。”慧婉认认真真地回答。Jason有模有样地跟着重复说：“水——没——臭。”话音未落，几个人哄堂大笑。

慧婉对Jason手里这个燃烧后可以散发特别好闻气味的植物很好奇，于是Jason收起刚才的玩笑，滔滔不绝地跟慧婉分享了不少关于**鼠尾草**的知识，以及他是怎样用鼠尾草作为疗愈工具帮助那些在心理上向他求助的人，并渡过难关的。

鼠尾草花开时精致而妖艳，但让它闻名植物界的却是它的药性和用途。在古老的欧洲，鼠尾草被当作“万能之药”，似乎什么疾病都能用鼠尾草来治疗和缓解，包括心理疾病，如焦虑、烦躁、抑郁等。它也是香水的重要原料之一，意大利人还用它来制作面包、葡萄酒、鸡尾酒等。其中白鼠尾草用途最为广泛。

白鼠尾草原产于美国南部和墨西哥北部的荒漠地区，作为美洲传统的药用植物，它还可以用来驱虫灭菌、烟熏治病、美容护肤、烹饪调味、茶饮养生，萃取精油、制作香包等。白鼠尾草常被制成香仗用于焚香祈祷，净化物品、居所和自己的能量场。

慧婉听得入神，开始着迷于这种有着疗愈和神圣色彩的植物，她迫不及待地用磕磕巴巴的英文好奇地问Jason：“How does sage help with people’s negative emotions exactly?”（鼠尾草具体怎样帮助人摆脱负面情绪呢？）

显然，Jason说起自己的母语要比说中文有底气得多：

“You know people’s emotion is also a type of energy.We all live in a world full of different types of energy and it interferes with each other. Safe is a definitely magical plant that has such pure and healing energy. It goes through people’s olfactory neurons to adjust our sympathetic nerves producing positive emotion，memory and images，therefore to change our behaviors.”（你知道人的情绪也是一种能量，我们所在的世界充斥着各种不同的能量并且这些能量互相作用。鼠尾草绝对是一种能疗愈情绪、净化能量的神奇植物，它会通过嗅觉影响人的交感神经系统，使人产生积极的情绪、记忆和形象，因此也可以改变人的行为。）

慧婉连连点头，她也把自己对能量的理解，和从天使姐姐那里学来的通往光明的三道门与Jason分享，这让Jason赞不绝口，感叹中华智慧的博大精深。Galan说自己也受益匪浅，他目前正置身于“传道解惑”的途中，教学相长，这让他收获了更多的价值。虽然来自不同的文化背景，说着不同的语言，但这三个人的心灵交流未受到任何阻碍，他们畅所欲言地聊到天色渐暗。

“我来请客去吃正宗的泰北美食吧。”慧婉兴奋地提议，她觉得自从认识天使姐姐后，自己的世界之窗敞开了。不仅结识了无所不能的师兄Galan，而且现在又认识了眼前这位神通广大的“外国和尚”。转而她被自己的提议吓坏了，一来她现在没有任何收入，花的都是自己过去的积蓄；二来她不知道那个常常躲在角落里被动社交的自己，今天哪儿来的劲头，这么积极，莫非是被鼠尾草给熏坏了？

“慧婉请客我们可一定要赏脸啊！”Galan看出了慧婉的迟疑，鼓励地说道。

整晚，三个人从人的潜意识、自我觉察的重要性，聊到生命的意义。看来无论古今中外，人类对自身发展的探索和对幸福的向往自始至终都是不变的。慧婉和Galan最后一致同意，一定要把鼠尾草在中国甚至亚洲推广开来，让更多的人享受到它带来的诸多益处。Jason连忙点头说这也是他此行的目的之一。

晚饭后，Galan把慧婉送回家。慧婉的内心如同燃起了星星之火，确切地说，应该是对梦想的渴求。“如果真能成功引入鼠尾草，不但可以帮助到更多的人，而且可以作为自己未来发展的一项事业。”想到这里，慧婉觉得是时候让自己振作起来了，于是问Galan：“师兄，上次你说找到心理按钮，就可以预控事态的发展。但我觉得世事难料，脑子里的想法不断变化。到底应该听从哪个声音呢？”

“跟随你的心。”Galan毫不犹豫并笑呵呵地说道，“你终于来向我要答案了。你看这些话，是多年前我跟随天使姐姐进修时候记录的，本来也打算今天给你。”说着Galan的表情变得严肃起来，像传递一件无比珍贵的东西一样，把笔记交给慧婉。

Galan告诉慧婉，自己过去就是一个十足的完美主义者，无法接受别人反驳，也总为自己犯下的每一个哪怕是极其微小的错误懊悔，长期以来好像和自己有仇一样。他甚至曾经冲动到会因为一点小事，赤手空拳击碎玻璃。养父母离世后，他的那段抑郁时间更是人生的至暗时刻。所以，现在他很珍惜自己拥有的一切，还说想把这套能救命的方法用心传递下去。

这时，慧婉才留意到Galan手背上方有多个小疤痕。此时，她深有感触，光凭一个人的外表，谁都不能猜测他经历过什么，走过怎样的心灵旅程，以及这样的疗愈是多么弥足珍贵。

回到家，慧婉用心阅读了Galan的进修笔记。她终于明白了以前天使姐姐和她讲的潜意识和宿命论，她不敢相信自己原来一直被大脑“蒙骗”。感叹之余，在临睡前慧婉带上菩提手串做了冥想练习。

我发现了一个欺骗我几乎整个上半生的谎言："大脑明明不是你，它却说是你。"

如果问这个世界上最坚固的"牢笼"是什么，那一定是人类的大脑。几乎身边所有人包括我在内，都是被自己的大脑所禁锢的，它给生活带来无穷无尽的伤痛和烦恼，阻碍了我顺利前行和通往喜悦的旅程。

那天，我闭上眼睛冥想，大脑中如万马奔腾般一刻不停地飞过各种想法，而我却完全控制不了它。遇到了一些不如意的事情，我告诉自己不要愤怒，而我却无法摆脱愤怒的控制，自己又气又怕，浑身不自在。大脑就像无法降敗的魔，每当我想在当下活出真实的自己时，大脑却让我伪装出另外一个根据情境而产生的身份，让我陷入身心脱离的旋涡，我的生命迷失其中，我不得不承认摆脱大脑对我的控制确实是个挑战。

天使姐姐就是我的"救命恩人"，随着自我疗愈和成长，我随天使姐姐找到了一个辨别大脑受困的路径，那就是：自我假设和虚幻！大脑充满了是非、好坏、对错、善恶、美丑的批判，而这些观念是随着自我成长的路径被别人植入的。我好像一直在按照父母和身边人的一套标准做事，应该这样不应该那样，这样对那样不对。而且，我也会拿着这套标准戴着有色眼镜去衡量别人，衡量这个世界。一旦不符合，我就会被激怒，认为别人是错的，这就是我痛苦的根源。

我认识到自我假设和虚幻的对立面是真相，而其只存在于每一个当下。前段时间，我的心和脑一直在打架。由此我获得了一个“降魔工具”，就是冥想。当我学会安静下来的时候，我头脑中的噪音也减少了，我开始不再自动地接受大脑的指令去做那些“应该的”事情，而是开始追随我的心。

当我开始顺从本心时，心的力量也在加强。我的心教会我怎样活在当下，区分假象和现实，而不是在过去的悔恨和痛苦中重复想法、情绪和行为的旧有模式，也不是在对未来的担忧和焦虑中徘徊。任何事物的存在都是当下发生的既定结果，未来也是由无数个当下所组成的。

从此，跟随心的指引，我可以觉察当下自己的情绪、思维以及各种反应，清晰地对自我做出判断和选择，把当下的意识作为一种习惯。然而，我也不会抵触脑的指令，但它只是一个明智的旁观者。接纳当下所发生的一切，让心引路。庆幸的是，这也让我有了破釜沉舟的勇气。

疗愈心语

我们的大脑是非常聪明的，它会为了让行动耗能降低到最小，而选择节能模式，规避可能遇到的风险。所以，我们会追随自己的本性，在生活中经常选择自己深信不疑的行动模式以及做着自认为正确的事情。但这些选择并不一定对我们的长期发展有利，比如我们会放弃阅读而选择刷短视频，放弃主动从根本上解决问题而选择阶段性逃避，拒绝通往有挑战性的方向而选择相对确定和熟悉的路径。

我们的大脑同时充满着那么多冲突和矛盾。我们以为自己用理性的大脑做了当下最好的选择，但事情的发展并不尽如人意。因为我们的思想受过去的经验、信念、成长环境、社会等影响，大多数时候我们与内在的自己是失联的。当我们在各种所谓的“信念”“条件”“社会准则”之下做出妥协时，身体和情绪都会证实，我们可能正在与自己的人生轨道擦肩而过，我们要觉察这些信号，并随时调整方向。

只有当闭上双眼，我们才会看见内心的真实需求，跟随内在的感觉，去探索那些长期对成长有益、让人充满热情且兴奋不已的追求。心之所向是人生独一无二的征途。

然而在这个过程中我们必须和自己的内在小孩合作，不然他会找各种各样的借口让我们在生命的征途中产生痛苦。其实，每个被激发的情绪背后都是受伤的内在小孩，心理按钮往往代表着我们成长中的创伤。

通过练习和记录情绪日历，如果觉察力在增强，我们就会开始学会总结和归纳，把那些引发负面情绪的事件分类并找到相似的原因。否则，我们可能就会一直陷入埋怨触发负面情绪的人和事的旋涡中，直到能够找到自我疗愈的途径才会平复这样的负面情绪，最终不重蹈覆辙。虽然回到过去会让我们觉得“在伤口上撒盐”，但这些尘封在记忆里的感受，其实是我们最宝贵的生命礼物，因为它会帮助我们认知生命的真相，通往内心平静和幸福的彼岸。

从心理学的角度去看，人类的基本心理活动规律遵循相似性原则。也就是说，相似的心理内容会互相结合，形成一个越来越大的“结”。在心理世界中，各个分散的事件，将根据心理内容的相似性，进行组合，形成一串或者一簇带有情绪色彩的观念——这就是所说的“情结”，也就是本书中提及的心理按钮。

心理按钮往往是一些心理内容的集结，它们所承载的情绪能量也随之集结到一起。心理内容汇集得越多，这个情绪能量就越强大。如果我们长期不去处理负面的情绪能量，一旦现实生活中出现相似的情景，就会勾起我们内在小孩的伤痛。这样，潜意识中的情结就会被激发，一旦被激发，我们将携带着该情结所有的情绪能量。

一旦心理按钮形成，它所能引起的情绪和行为大多是自发性的。心理学家荣格曾说：“不是人支配着情结，而是情结支配着人。”虽然这些情结是形成心理障碍的原因和基础，虽然它们不会自然消失，但好在情结中的能量，是可以通过练习被释放和转化的，只有这样情结才会对我们失去控制力。

心理按钮是人对于某些刺激呈现出的特定敏感。放在实践中来，它有以下两个特点：一是对某事的承受力很低，一被提及或者触犯，马上就会有负面情绪产生，就好像有的人有风湿，天一冷腿就疼。二是恢复力差，也就是陷入某种负面情绪中，要经过很长一段时间费很大力气才能恢复到原来的状态。比如，有些人沉浸在失恋的痛苦中，要经过几个月甚至一年以上的时间才能恢复过来。在有些心理学书籍中，也称心理按钮为扳机点，像手枪的扳机一样，一扣动它，枪就响了。

每个人的心理按钮是不一样的。我们可以打开自己的情绪日历归纳一下，在哪些情况下，情绪容易被引爆？

比如，有的人可能特别怕被批评，每次被批评的时候就会异常抵触、反抗或者愤怒等。有的人可能对被忽略很敏感，如果身边人不按时回信息，就会怀疑对方不关心自己、不爱自己。有的人可能对控制很厌恶，如果被别人用命令的口气要求做事，就会觉得被别人控制，并且因此产生负面情绪。那么，这些都有可能是他们的心理按钮。

每个人或多或少都会有各自的心理按钮，或者一些敏感的扳机点，是别人不能触碰的。然而，心理按钮越多就越敏感，给自己埋下的情绪地雷也就越多，这就是很多人深深陷入负面情绪中无法自拔，觉得生活过得非常累，甚至生命没有价值的原因。

事实上，当认清了事物的本来面貌，我们就会知道，这只是激活了我们早年相似的经历而带动的情绪反应。我们的内在小孩会用自己的方式一直提醒我们去看见他、关注他、疗愈他。

怕被批评的内在小孩，可能在童年经历中父母会因为一点小事就开始指责，甚至施暴。不喜欢被忽略的内在小孩，可能在成长过程中，父母的陪伴是缺失的，每当需要父母陪伴的时候，他们总是找借口搪塞。厌恶被控制的内在小孩，也许在成长环境中总是被父母强行要求做这做那，失去了自我价值和自主感。

幸运的是，早年的我们练就了五毒不侵的“童子功”，对于童年的经历虽然无法反抗也无法拒绝，但是可以尽量避开成长中的那些“坑”而最终长大成人。但是父母和周围环境对我们的刺激，一次次不断强化，在我们内心的深处打下了一个心锚。随着成长，内在小孩若未得到安抚和疗愈，遇到类似的事情，就会给予“回击”和“反抗”，而这样的“回击”和“反抗”却让我们承受着害人害己的代价。我们在“回击”和“反抗”的瞬间会退行成孩子，在潜意识中无法分辨是现在还是过去，这是大脑跟随潜意识的自动化反应。当然，大多数人在这个时候是很难察觉到的，因为它已经跟随我们多年并成长为自身的一部分。

在疗愈的征途中，我们已经用科学的方法建立了基本的觉察能力。我们可以通过系统脱敏的方式，反复按动心理按钮，让心理按钮“失灵”。也就是，当我们和内在小孩一起勇于面对过去发生的种种时，心理按钮能给当下生活带来的破坏性就大大降低了。而且，当我们越是鼓起勇气直面它，它越是没有想象中那么可怕。我们可以通过这样的不断自我修炼，重塑潜意识，使自己变得更成熟、更强大。

实践练习

在找到自己的专属心理按钮后，按照以下步骤重塑我们的潜意识，让心理按钮“失灵”，重新找回内心的平静和美好。

第一步：觉察情绪。当负面情绪发生时，第一时间去觉察当下的情绪是什么，是愤怒、伤心，还是焦虑？……

第二步：经历重现。邀请你的内在小孩参与，询问你的内在小孩经历了怎样的事件引发了相同的感受，找到问题的源头。

第三步：探索背后需求。你要思考因为这件事，你当时产生了与情绪对应的什么样的想法，以及背后的真实需求是什么。

第四步：事件重演。你陪伴自己的内在小孩一起，回到过去指定的记忆里，对整个事件进行重演。就像改写剧本一样，让事情变成你所希望发生的那个版本，并按照那个版本重演一遍，关注自己又产生了哪些新的想法（这一步非常关键）。

第五步：解决问题。邀请自己回到当下，直面当下的处境，为问题的解决注入新想法，并观察感受的变化。

在下表中记录你的练习内容，如果找到多个心理按钮，请按照此方法反复练习。

步骤	心理按钮1	心理按钮2	心理按钮3
第一步：觉察情绪			
第二步：经历重现			
第三步：探索背后需求			
第四步：事件重演			
第五步：解决问题			

第23章

亲密关系的意义：原谅自己

“终于离婚了，一个人也挺好的。”在冥想的过程中，慧婉的脑海里响起妈妈的叹息声和对自己婚姻的不满，“你爸这么没用，给家里赚不了几个钱，就知道打麻将，让他去干点什么就跟要他命似的。现在，你没人要了，要不是我，你就没家了。”这些话总是像晴天霹雳般不知道哪一刻就会惊现天空，让慧婉脖颈发凉。

“一个人，一个人，一个人也挺好……不！莫非这是妈妈给我的诅咒？”慧婉看见了自己的内在小孩，完全沉浸在羞愧和无助中。事情都过去这么久了，这些话居然还有很大的震慑力，好似深处的伤疤时不时就会隐隐作痛。原来爱情在自己的潜意识里意味着埋怨、互相伤害和失望透顶。这些想法让慧婉觉得窒息，呼吸变短，胃里翻江倒海，这种反复揭疤的疗愈过程并不好受，不过慧婉还是学着以前天使姐姐教她的方法开始调息。

自打来到清迈，慧婉的睡眠在循序渐进的疗愈和冥想后本来有些恢复。但自从她开始刻意冷落张洋后，脑子里总是充斥着各种想法，这些噪声让她无法入睡。

呼吸变慢拉长后，慧婉的身体明显比刚才放松了一点，接着她用从Galan那里抄写来的几个步骤开始了和内在小孩的对话。慧婉很快进入了冥想状态，看见了那个小孩，小孩看起来已经明显不像过去那么悲伤了，但身上还是有种说不出来的疏离感和冷漠。

慧婉毫不犹豫地走到内在小孩身旁，看着她躲避的双眼关切地问："那时候你什么感觉？"

小孩并没有直视慧婉，眼神盯住地面小声说："我觉得天塌了，没有什么比这更可怕的了，就像世界末日到来一样。恐惧的同时也有一种解脱的感觉，因为爸爸妈妈终于不会在我面前大声吵架了，更不会彼此打得头破血流，他们以后谁也够不着谁了。"

“你呢？想过自己未来的生活吗？”慧婉关切地接着问。

“连家都靠不住，我对整个世界都失去了希望，对未来感到迷茫。爱总是脆弱得不堪一击，爱就是互相伤害。”小孩这次一直都没有哭，也没有表现出大起大落的情绪，反而让慧婉觉得怜惜，因为这些想法已经被深深刻在心底，并像铁打的事实一样成了一个无法磨灭的烙印。

慧婉试着唤醒内在父母，并用力抱了抱小孩对她说：“如果能改写这些记忆，你希望怎样被父母对待？还有没有更好的办法呢？”

小孩想了想，坚定地看着内在父母说：“有些人还没准备好就结婚并要了孩子。如果你们也是这样，最后不得已选择离婚，那我不会怪你们。但如果我是你们，我会尽全力用爱保护好自己的孩子，至少让她知道，她是无条件被爱的。”

话音刚落，就像演电影一样，时光回到了父母刚做出离婚决定的那一刻。妈妈含泪看着孩子说：“宝贝，今后我们相依为命，你就是我的全部，我会尽全力爱你。”爸爸也上前安慰道：“虽然家里发生了一些变故，以后你和妈妈住在一起，但我会常去看你，你可以随时找我，我就是你的靠山。”说完他们紧紧抱住了孩子。

孩子释然地哭了，大滴大滴落下了带着温度的眼泪，她理解父母选择离婚的无奈，父母的爱在她的心底深埋并开始生长，一些新的想法也不自觉地冒出来：或许爱情是可以被憧憬和信任的。

慧婉微闭着双眼，有种“回家”的欣慰感觉。这个时候张洋的面容不请自来地走进了她的脑海，这让她从心窝里感到温暖。慧婉舒展了一下自己的身体，她知道，对张洋若即若离，都是因为自己过去对爱的恐惧和对未来的担忧。慧婉早就知道答案，就像天使姐姐说的要活在当下。这些话字面上很容易理解，但做起来是艰难的。

于是她扪心自问：“我真正需要的是什么？我准备好进入一段亲密关系了吗？”虽然答案还有些模糊，但慧婉决定按照自己的步调和节奏享受当下。允许自己放弃这些负面的想法和担心，因为她知道这些都来自过去的信念，也不再担心未来，未来的事谁知道呢?

想通之后，慧婉给张洋发了条信息：“嘿，没见面的这几天，我也在想你。”

没用一分钟，张洋就回了信息，并约慧婉在黄昏的时候一起去河边走走。

慧婉如约而至，穿着一袭白色长裙，在夕阳的映照下甚是好看。两个人并肩而行，每次和张洋在一起都有一种踏实和温暖的感觉，就像清迈的黄昏一样让人很舒服。天色依旧蔚蓝，只是镀了几许金黄色，天气不冷不热，清澈的河水两旁树静止不动，偶有蝉声飘荡。两个人的手不自觉地碰撞到一起，好像有一种磁力让两个人越靠越近。

一开始东拉西扯，后来聊到了在外打拼的不易，还聊到了原生家庭，慧婉惊讶于自己没有任何隐瞒，她似乎并不介意张洋怎样看她，因为自打两个人相识，张洋从来不带任何批判地做评价，只是照单全收地听她倾诉。

慧婉说她很难原谅父母的所作所为，但仍在努力尝试。

张洋听了感同身受地安慰："别逼自己。我父母以前希望我继承家业，从小就给我'洗脑'。我知道金城置业在外面看来很光鲜，但那不是我的梦想，而我坚持我的梦想却被他们认为是不孝。"

慧婉简直不敢相信自己的耳朵，尽管张洋已经尽量低调地对自己的身份只字不提，但无意的泄露却足以让慧婉震惊一段时间。金城置业是全国排名前十的房地产公司巨头，业务范围遍布中国，涵盖东南亚，这个集团不是在投资商业地产就是在收购龙头企业。慧婉万万没想到眼前这个帅气的小伙子居然还是个独生的富二代。

“那后来，他们能理解你了吗？”慧婉故作镇静，好奇地问。

“后来，我就是他们口中的叛逆小子。他们有一段时间不给我零花钱，也不和我说话，我靠自己养活自己，现在不是也活得好好的。”张洋调皮地对慧婉眨了下眼。

“是呀，靠自己才是真本事。”慧婉要被这个略带孩子气的男人“迷死了”，关切地追问：“那你和家里人和解了吗？”

“早就和解了。因为我原谅了自己。”张洋这句话明显另有他意。他对着慧婉摇着食指接着说：“不用别人的错惩罚自己，包括父母，只活在自己的期盼里。”

张洋眼里的自信不就是慧婉一直在寻找的吗？亲密关系的意义不就是纯粹的爱和陪伴，不断地在爱中自省，成为一个更好的自己吗？爱就是原谅，不用别人的错来惩罚自己，只有原谅自己，才能开始懂得别人，原谅别人。慧婉回味着张洋说的这些话，还没转过神来，张洋就拉起慧婉的手，放在了自己的胸膛上。

第24章

过度担心就是诅咒：我是谁？

慧婉把这段时间的经历告诉了张洋：好像冥冥之中被指引，遇到了天使姐姐，后来因故来到了清迈，在清迈结识了Galan，又认识了香料大师Jason，并且兴奋地说到神奇的鼠尾草，还透露了有意将鼠尾草在国内推广的打算。

张洋听得直呼奇妙，他立刻拨通了一位在杭州开网店的朋友，用实际行动来支持慧婉，据说那位朋友现在已经拥有多家皇冠级别的网店了。电话里三个人聊了一个多小时，慧婉把开网店的流程和注意事项搞得一清二楚。借鉴了经验后，慧婉觉得这种投资小、花销少的销售模式正适合自己目前的状态。

说干就干，一下午的时间，在张洋的协助下，慧婉就完成了网络上的所有注册和登记流程，还给自己的店铺取了一个有趣的名字叫：Lukikivi。后面几个字母谐音于kiwi（猕猴桃），因为猕猴桃的营养价值远超过其他水果，有点个头小本事大的意思（最重要的是可以更好地服务于有需要的人），慧婉希望这个名字给通过她接触到鼠尾草的人和她的事业都带来好运。慧婉和张洋对这个名字很满意，二人四目相对，点了点头。

没想到一切竟然超乎意料地顺利，忙碌之中慧婉笑得像朵花。在毫无防备之下，慧婉的身体突然被揽入一个强而有力的怀抱，张洋的鼻息离得那么近，甚至他脸上的细小绒毛都清晰可见，慧婉的心扑通扑通直跳，呼吸也变得急促而灼热，所有的语言在此刻都是多余的，两个人的唇终于慢慢贴合在一起。

从张洋那里回到住处，慧婉想把这些好消息都一股脑儿地告诉程锦，刚推开门就见程锦在焦急地翻箱倒柜找着什么。程锦无暇顾及慧婉的追问，在房间里面一直跑进跑出，慧婉不知道到底发生了什么，就坐在客厅的沙发上等程锦冷静下来后再说话。没多大工夫，程锦就瘫坐在地上，眼睛直勾勾地盯着地面，一言不发。

最近几个晚上，程锦和龚利在孩子睡觉之后一直就躲在房间里讨论着什么重要的事，有的时候声音大到像是在吵架，但又好像怕慧婉听到。慧婉已经有点不好的预感了，所以前几天就已经开始看周围的出租房信息了，怕自己打扰了程锦一家的清净，毕竟在别人家住着也不是长久之计。

看起来这次真的很不同，以往神采飞扬的程锦一下子变得憔悴和焦虑不堪，“我们的房子马上要被收走了。”程锦抱头痛哭起来。

“怎么了？你先别急。”虽然不是自己的房子，但慧婉已经把这里当成半个家。这个突如其来的消息真把慧婉吓了一跳，但她又故作镇定地安慰着程锦。

“龚利为了生意上的投资，把我们的房子做了抵押，现在资金链断裂，没什么好的解决办法，眼看着我们就要睡大街了。”程锦止不住抽泣，继续哽咽着说，“当初我就告诉他不要冒险，他说几乎没什么风险，现在好了，家都要被他败光了。”

听到这里，慧婉眼中这对模范夫妻的形象瞬间消散得无影无踪，这让她觉得有些失望，更多的是无助，显然她已经把程锦一家当成自己的家人一样对待，发生那么多事后好不容易安宁一段时间，现在又落得个穷途末路了。慧婉非常担心事情会像程锦口中说的那样，她不敢想象这么漂亮的房子被银行收回，程锦一家人的“神仙生活”就此破碎，他们可能不得不让孩子退学，一起回老家，一切回到原点，重新来过。而自己更是一只无巢的小鸟，无论寒风暴雨都要出去觅食和找地方落脚，没有依靠，也许活下去都成问题。

想着这一幕，慧婉一时间不知道说什么好，更别提怎样才能帮闺蜜渡过这个难关。她心里只想着尽快搬出去不再给他们添麻烦，她甚至不知道自己刚刚筹备的鼠尾草计划会不会因此泡汤，想到这里她也开始为未来发愁。

回到房间，慧婉开始整理衣物，她看到了久违的菩提手串，觉得是时候和天使姐姐交代一下自己的近况了，于是她拨通了天使姐姐的视频电话。

天使姐姐仿佛也在期待她一般，像往常那样亲切问候慧婉：“最近好吗，你可终于跟我联系了。”

慧婉茫然地说：“我不明白为什么生活中1%的坏事会破坏99%的好事。”接着，她把自己的近况，包括通过Galan介绍认识了香料大师Jason，并在筹备线上小店，身边还多了一个得力的帮手张洋，一五一十地告诉了天使姐姐。

天使姐姐追问什么是1%的坏事，慧婉就把闺蜜家的情况和她的内心想法告诉了天使姐姐。慧婉说着说着眼神黯淡下来：“正因为这1%的坏事，我担心这些（99%的好事）就快结束了。”

“你是谁？”慧婉被天使姐姐突如其来的问题惊得一愣，心想两人都认识这么久了，怎么天使姐姐还对我的名字、年龄、背景、职业、过去和现状这么不了解。

“自打和姐姐学习了体商，我现在每周都会跟着Galan师兄练2~3次瑜伽，吃得健康，大部分时间睡得也不错，我开始爱惜自己的身体，因为我就是我的身体。”慧婉并没有“肤浅”地回答这个问题，她沾沾自喜地等着天使姐姐的表扬。

天使姐姐摇摇头，看起来她对这个答案并不满意。之前和天使姐姐学习了关于潜意识的知识，莫非这是个哲学问题？慧婉寻思了半晌，自信地回答：“我时刻在思考，我就是我脑子里的这些有意识和无意识的思想。”

“我们的身体会生老病死，想法也会时刻发生变化。当一个人的生命走向终点的时候，身体和思想都会归零，回到生命的原初。只要你留心，就会发现，从始至终，每个生灵本自具足。每个人都有无限的潜能和更多种可能性。”天使姐姐给了慧婉一个提示。

“难道姐姐说的是一个人的内在世界？它在哪里？”慧婉不解地问。

“这里就是我们的整个内在世界。”天使姐姐边说边将左手放在胸口处。

慧婉似乎并没有悟到什么，想想自己的烦恼还没有被解决，有点失去耐心地问：“姐姐，我担心的事，会不会发生呢？”

“过度的担心就是诅咒，生活中的苦都是自找的。”天使姐姐一如往常的平静。

这些话重重地敲击了慧婉的心房，她阴阳怪气地问：“难道是我害得闺蜜家破产，是我让自己居无定所的？”

天使姐姐感受到了慧婉的情绪波动，停顿了一会儿说：“当一个人的内心充满恐惧和担心，他所恐惧和担心的事情就会被不断强化。而一个人愿意相信美好的时候，内心也会吸引更多美好的东西到身边来。所以如果想要成为一个有福气的人，必须在内心根植一些积极的念头。”

慧婉突然明白点什么，回想起自己生活中的点点滴滴，好像确实是这么回事。比如每次下雨天越是担心叫不到车就真的叫不到车。以前跟陈默在一起的时候，总是担心他会离开，结果他真的一点旧情都不念地离开。慧婉被说服了，她点点头说："确实，我很担心流离失所，这是我来清迈最怕的事情，结果真的被自己的担心戳中了。"

天使姐姐让慧婉花时间好好整理一下思路，生活中自己究竟想要什么。

天色已晚，天使姐姐示意慧婉时间差不多了，于是约好下次视频的时间，并说到时候聊聊宇宙法则；同时嘱咐慧婉要坚持冥想，并给她推荐了一些阿尔法脑波音乐（后称 α 脑波音乐），让她在感觉焦虑和担心的时候可以反复听听。

实践练习

网上搜索一段 α 脑波音乐聆听。

第25章

吸引力法则：我想要什么？

慧婉的生活节奏被闺蜜一家发生的意外打乱，虽然她已经尽力在调整，但残酷的现状仍让她焦头烂额。似乎现在多出来的任何一笔开销都是生活对“奄奄一息”的她的索取，银行里的存款越来越少，唯一的希望是她的网上店铺的资金开始流动，不过货源、人工、仓储、物流、店铺运营和推广，哪里都需要钱。和张洋在一起的时间，大多谈的也都是网上店铺的情况和自己的担心。

看了几套房子后，慧婉终于搬到了一个适合自己的住处，虽然地方不大，但还算温馨。

临睡前冥想的时候，慧婉开始意识到自己状态的变化，最初的几分钟里身体很紧张，眉头都是紧蹙的，脑袋里也都是杂念。她索性停下来，上网找到了 α 脑波音乐，又点燃了一捆鼠尾草，再次冥想的时候，慧婉感觉大脑好像被 α **脑波音乐**按摩了一般。

脑波是大脑神经元细胞之间传递信息时产生的生物电信号，是大脑皮质中的锥体细胞突触活动时产生离子交换而发出的电波信号。这就像是广播电台利用不同电波发送各个频道的信息一样，脑细胞每次活动都会产生相应的生物电，这些生物电通过树突来跟别的脑细胞进行连接，形成人的思维和想法。在科学应用上，根据频率的不同，可分为四种脑波——α、β、θ、δ，它们可以通过脑波检测器来测量。

《大脑的潜能》里说："处于 α 脑波状态时，人的心灵是比较开放和易于接受外来事物的。" α 脑波似乎可以让人进入潜意识中，而许多学者认为，当处于放松式清醒状态时，人可以最有效地将信息存入长期的记忆中。每当 α 脑波最强势时，负责逻辑思考的左脑就会放松警觉性（左脑通常是潜意识思想的过滤和把关者）。

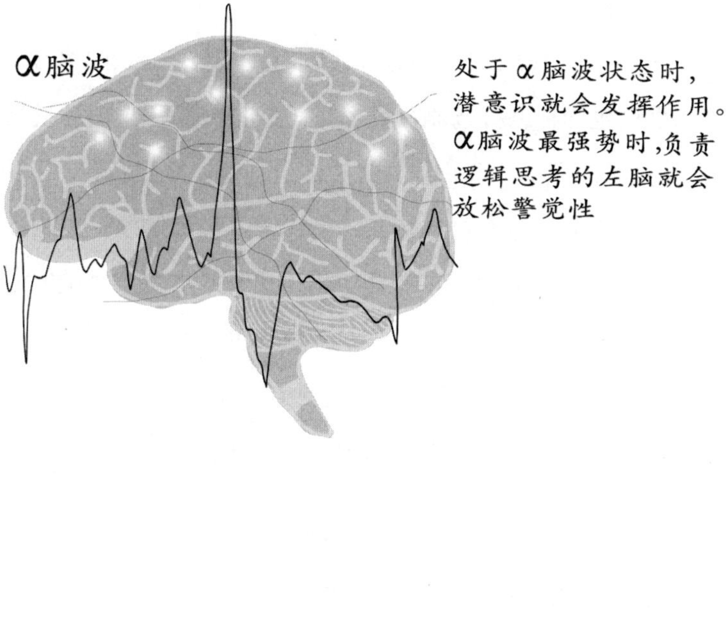
α脑波
处于α脑波状态时，
潜意识就会发挥作用。
α脑波最强势时,负责
逻辑思考的左脑就会
放松警觉性

α 脑波音乐是一种灵感音乐，这种音乐每分钟为60～70节拍，频率处于8～14Hz。当人听到这种音乐时，脑内就会自动产生 α 脑波。处于 α 脑波状态时，潜意识就会发挥作用。α 脑波音乐不是被当作艺术来欣赏的，它更适合用来开发大脑、激发潜能、协调身心。

冥想之后慧婉平静了下来，没有刚才那么多起伏的情绪，思维好像也变得格外清晰。她舍不得睁开眼睛，一个场景慢慢在她脑海中显现：她和张洋住在海边别墅，早上太阳会透过落地窗照进来，他们育有一儿一女，她一边练瑜伽一边陪孩子……慧婉不由自主地笑了，但刚刚上扬的嘴角被突然响起的手机铃声僵住了，原来是运营在催她支付下个月的店铺管理费。她转过头，看着小得可怜的出租房，墙角那片发霉的印迹明显可见。“还真有白日做梦这回事！”慧婉不禁自嘲地想。

慧婉好不容易挨到了和天使姐姐约定的视频时间，她先发制人地说：“我想要的，根本不可能得到！”

天使姐姐不动声色地看着慧婉，问：“你确定吗？”

慧婉回答：“以现在的状况来看，我想要的简直就是一个天大的笑话。不太可能。”

“你真的确定吗？”天使姐姐追问。

“或许花上大几年的工夫努努力可以，至少不会那么快实现。”慧婉松了口。

天使姐姐停顿了一下，面带狡黠的笑容，暗示慧婉检视自己刚才的想法。慧婉这才发现，自己刚才的三次回答里都用了否定句，她小声嘀咕着：“一个人愿意相信美好，内心也会吸引更多美好的东西。如果我想成为一个有福气的人，必须在内心根植一些积极的念头，可我刚才说的那些念头恰恰相反。”慧婉迫不及待地问：“姐姐，你上次说的是什么宇宙法则呢？”

天使姐姐一本正经地说：“量子力学中有一个观点——世间的万事万物都有能量频率，我们的思想也一样。简单理解就是，你的思想就像一块磁铁，你先预告什么东西，就能从宇宙的磁场中吸引来什么东西，包括好的事和坏的事。”

“同质相吸嘛！”慧婉赞同地点点头，意识到她刚才的想法有多可怕。

“这就是我们生命中最伟大的宇宙法则——吸引力法则。”

天使姐姐接着说，“人生中的一切遭遇都是我们一手创造的，我们内在关注的东西，当时间和条件成熟时，就会呈现在自己的生活中。”

“理论上我能理解，但回到生活里，这不是自欺欺人吗？”慧婉想到自己落魄的现状，真的无法高兴起来，更别提有什么积极的念头了。

“很多人的生活遭遇之所以不顺，就是因为总想着不想要的东西，最后百思不得其解为什么不想要的事会在生活中重复发生。”天使姐姐解释着。

“宇宙是在回应我的想法？”慧婉挠了挠头，问道。

天使姐姐点点头，接着说：“宇宙没有善恶之分，所以，你自身的能量频率是什么样的，就会吸引来什么样的东西。”

慧婉迷糊极了：“自身的能量频率？”

天使姐姐从网上传给慧婉一张表，上面写着“霍金斯能量等级表”，然后继续说：“回想一下刚才你在不断重复不可能、不会实现时，你内心的感受是怎样的？”

“焦虑、恐惧，甚至有点绝望。”慧婉对照这张等级表一

霍金斯能量等级表

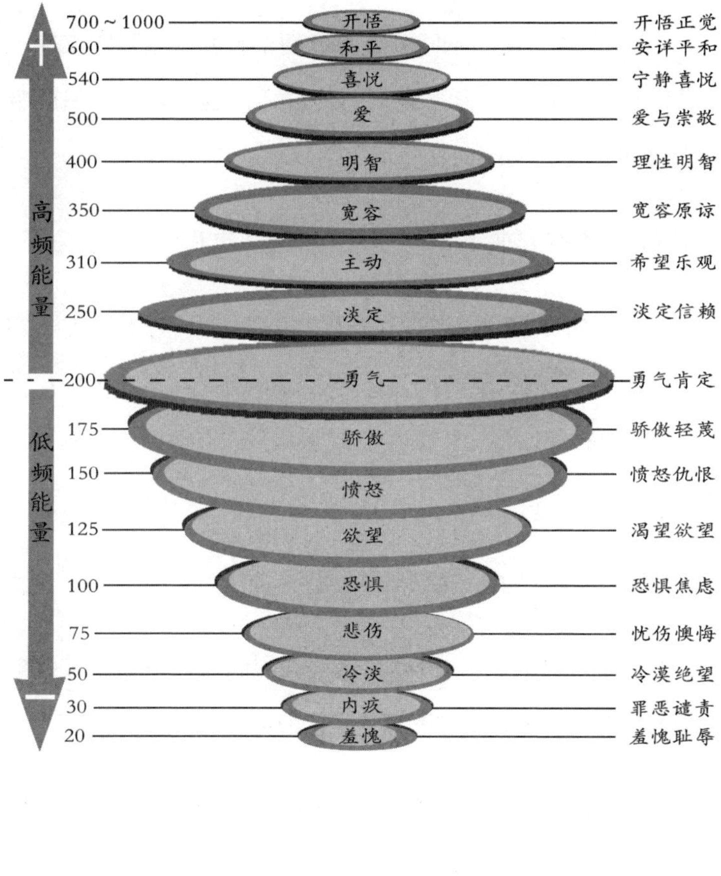
高频能量
低频能量
700～1000
开悟
开悟正觉
600
和平
安详平和
540
喜悦
宁静喜悦
500
爱
爱与崇敬
400
明智
理性明智
350
宽容
宽容原谅
310
主动
希望乐观
250
淡定
淡定信赖
200
勇气
勇气肯定
175
骄傲
骄傲轻蔑
150
愤怒
愤怒仇恨
125
欲望
渴望欲望
100
恐惧
恐惧焦虑
75
悲伤
忧伤懊悔
50
冷淡
冷漠绝望
30
内疚
罪恶谴责
20
羞愧
羞愧耻辱

看，把自己吓了一跳。“我的能量居然是负数！”

慧婉依然半信半疑地问：“莫非我坚定地想着我能过上自己想要的生活，生活就会发生180度大逆转吗？那样的话，人人岂不都可以心想事成了？”

“每个人在人生的不同节点都有两个目标，意识不仅输入了目标，还输入了没有被觉察到的目标，也就是无意识的吸引。”天使姐姐让慧婉回忆一下之前分享过的内容。

慧婉忽然想起来什么，赶紧说：“这肯定和潜意识有关。”

天使姐姐举了两个例子：“比如，你一方面说‘我要赚钱’，另一方面却疾恶如仇，认为有钱人的钱都不是正经渠道获取的；再比如，你一方面渴望成功，另一方面内心却觉得自己低人一等，无法成功。”

慧婉终于明白了：“潜意识更强大。”

天使姐姐赞成道：“没错，这些强烈的念力来自未被疗愈的过去，恰恰成为无法过上想要生活的阻碍。”

慧婉告诉天使姐姐，上次她和Galan沟通的时候，Galan就说“跟随你的心”。人的头脑真是制造戏码的高手啊，慧婉心想这次自己算是亲身实践的反面教材了，还好一切都不算太晚。

天使姐姐肯定道："是的，没错，跟随你的心。"天使姐姐说Galan是她最好的学生。

慧婉顺藤摸瓜地问："具体要怎样判别我们的每个想法是不是内心的真实想法呢？"

天使姐姐指了指刚才传给慧婉的能量等级表，问："想想每当你做错了一件事，或者有负面想法的时候，你有什么感受？"

"各种各样的消极情绪就出现了。"慧婉对答如流。

"对的，情绪是最好的指示灯。你的内心感受最忠诚。"说罢天使姐姐又发过来一张人脑图，"你看啊，我们的大脑有两匹马、一位马夫。一匹马代表情绪脑，另外一匹马代表爬虫脑（本能脑），车夫代表理性脑。而真正调控方向的应该是我们的心。你有空的时候想想，怎样才能让情绪脑/爬虫脑和理性脑更好地绑定，并通往你想去的方向。"慧婉不断地点头表示认同。

天使姐姐最后说："所以，想要获得真正的自由，就要随时告诫自己，不必听从脑袋里的那个声音。阻碍成功的，从来都不是我们不懂的事，而是我们深信不疑却不正确的事。"

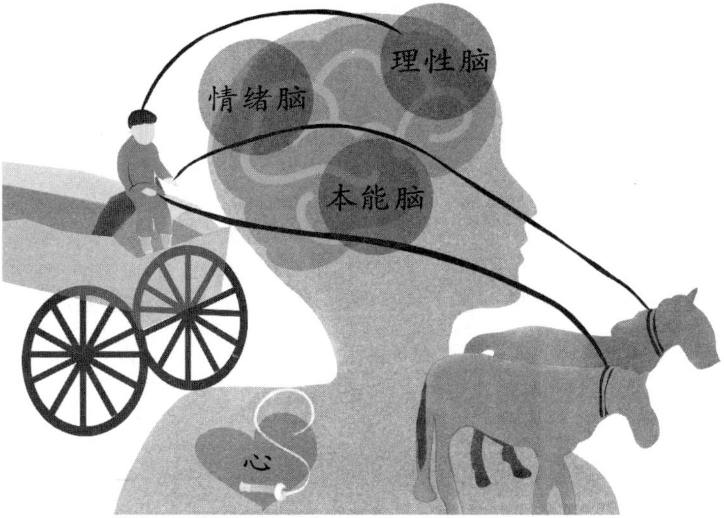
理性脑
情绪脑
本能脑
心

慧婉听得汗毛都竖起来了。天使姐姐让慧婉坚持每日冥想，看看21天以后会发生什么。

疗愈心语

运用吸引力法则的步骤如下。

第一步：清理。

在找到自己想要的之前应先清理旧有信念，清理这些旧有信念的模式是首先看到它们，然后全身心地接纳它们，让它们流动，并且重新设定它们。

这个时候大多数人都会抗拒，因为去打破一个本信以为真的认知，在别人看来是打破局限，但在当下的自己看来却是难以置信的。但我们要知道，抗拒是世界上最强的能量之一，越抗拒的事情越会出现在我们的生活中，并且越会招引周遭类似的事情到我们身边。接纳才是对生命最好的反馈，允许一切发生。我们可以通过建立觉知来改变旧有信念，比如，当别人用带有贬低的态度和你说话时，你可以感觉羞辱、自卑，你也可以觉得对方很可笑，不可理喻。这就是我们的应对机制。

我们越害怕别人贬低自己，就会越看不起自己。置身在一个黑暗的角落中，连锁情绪会不断浮现。只有当接纳自己的感受和想法，并用其他的诠释方法取而代之时，这样的清理过程才会让我们感觉良好。

第二步：发愿。

这一步有很多陷阱，我们要洞察自己的信念模式和动机，让潜意识和表意识的矛盾浮出水面，然后释放掉它，从原来的模式里挣脱出来，重塑内心的自我意象。

比如，你洞察到自己对幸福婚姻的渴望，同时又受困于原生家庭，觉得自己不配得到幸福。洞察之后重塑自我意象，追求幸福婚姻的背后是渴望被爱，而获取爱是从爱自己开始的。当你的探索越深入，表意识和潜意识得到整合时，就会让你的目标变得越单纯。或者这样说，在你真正设立了一个目标后，潜意识就会自动帮助你实现它。给宇宙一些空间，细节留给宇宙发挥。

第三步：相信。

这是一切的基石，如果我们相信我们能拥有，并觉得自己值得拥有，而且好像我们已经拥有了想要的那种生活，那我们想要的就会来到我们的生命中。用脑科学的方法解释就是，因为人类脑干中有一个叫作RAS的模块，它就像一个筛子，帮助人类筛选出重要信息，把注意力聚焦到这些重要信息上，自动激发创造力去行动。

第四步：接收。

在这个过程中的心态应该更放松，放松是更容易找到答案的状态。如果有过多执念，在这个过程中表现得更焦虑，而焦虑会造成紧张的状态，让我们无法射中靶心。其实，很多事情的答案不是去找到的，而是因为打开了通道，答案自动来到身边的。很多灵感都是在我们感觉良好的时候出现的，真空生妙有，宇宙中无所不有。所以，足够松弛，才是心想事成最核心的秘密。

实践练习

1. 试着回答两个哲学问题：你是谁？你想要做什么？

2. 尝试将吸引力法则应用到生活中，体验一些或大或小的显化过程，并记录在吸引力法则运用过程中的全部步骤和感受。

第26章

生活的常态是失控：静能生慧

自打慧婉从程锦家里搬出来，她们每天都打一通电话，不过并不像以前那样畅快地谈天说地了，大多数的话题都围绕着程锦家的债务情况和她越来越拘谨的生活。两个闺蜜之间或许是因为一个无法继续兑现的承诺多了几分隔阂，程锦之前对慧婉说的那句“你可以一直住到把自己嫁出去”将两个人的关系拉近，而现在却各奔东西，渐行渐远。慧婉从来没有责怪程锦的意思，但总是感觉心头多了个疙瘩。刚想开口约程锦出来喝下午茶，电话那头程锦两个孩子的哭闹声又让慧婉止住了，最后话未说完就不得不撂下了电话。

傍晚，张洋在电脑上整理一些车管所需要的审核文件。最近他的车队的大部分车辆都在整修，政府监管的标准越来越严格。除了要准备各种合资文件，处理烦琐的审核流程，张洋还不得不面对大量受雇的当地员工因为各种原因离职的状况，这些事情让他焦头烂额，从早忙到晚，压力大的时候话也变得少了。

窝在张洋家沙发里的慧婉在手机上处理着小店客服的消息，房间里很安静，只听见张洋噼里啪啦的键盘敲击声和慧婉回复信息的手机铃声。夜幕降临，慧婉感觉两眼酸涩，肩背紧得像被一块巨石压着。她揉了揉双眼，抬起头看着不远处台灯下张洋弓背辛劳的身影，心里不禁感慨，两人虽然同处一室，但还是各忙各的，慧婉突然产生了一种“老夫老妻”味同嚼蜡的平淡生活的既视感。

慧婉曾经幻想的画面又在她的脑海里出现了：她和张洋吹着海风，在洒满阳光的海边别墅里惬意地生活。但这个画面随着手机屏幕的闪灭越来越模糊，那个“不可能”的声音又出现了，莫名的失落感和焦虑涌上慧婉心头。

“情绪是最好的指示灯。”慧婉不禁想到天使姐姐的话，最近几天的冥想练习让她的思路变得清晰，她每天都在重复验证这句话。想到这里，慧婉将失落一扫而尽，盘玩着菩提手串兴奋地说：“我找到了一个倒序法，真是静能生慧！”

张洋突然一惊，转身回头看慧婉时差点从椅子上摔下来，他紧张地询问状况。

“我发现了一个惊天的秘密。”慧婉边说边在房间里找着什么，“我要赶紧把它写下来。”找到纸和笔后，她开始在纸上写下几个夸张的大字，然后停下来对张洋说：“每个人的情绪就是指示灯。”并给张洋看她写下的内容。

虽然张洋听得云里雾里的，但看到慧婉那股认真劲儿不禁一直点头称好。慧婉觉得现在应该是一个好时机把这些“秘密”告诉张洋了，所以她完完整整地跟张洋讲了与天使姐姐相识的经过，以及她学到的关于潜意识、通往光明的三道门和吸引力法则的内容。

慧婉严肃地说：“不必听从脑袋里的那个声音。阻碍成功的，从来都不是我们不懂的事，而是我们深信不疑却不正确的事，那才是我们最大的阻碍。”

张洋听得入神，但还是有点似懂非懂。慧婉提议张洋和她一起试试冥想。

张洋嬉皮笑脸地开玩笑说：“你不是要劝我和你一起出家吧？阿弥陀佛。”

“我的梦想需要你和我一起实现，来嘛！”慧婉撒娇道。

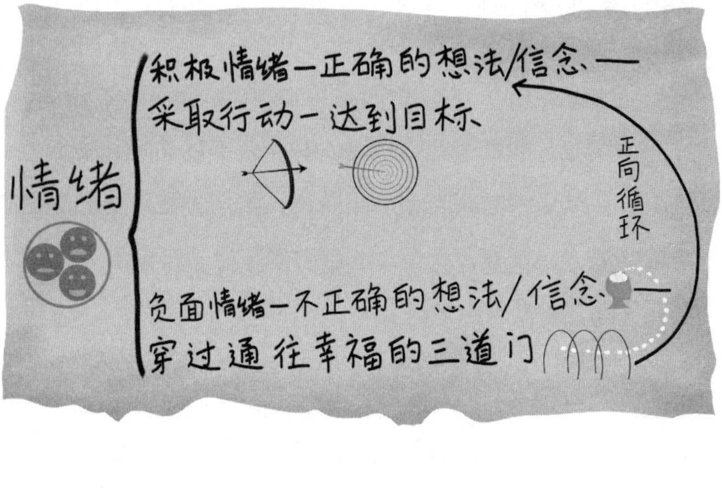
情绪
积极情绪一正确的想法/信念一
采取行动一达到目标
正向循环
负面情绪一不正确的想法/信念一
穿过通往幸福的三道门

她仔仔细细地给张洋解释了冥想的原理和方法，然后接着说："你不是刚好这两天工作压力大，没法放松吗？我们第一次就冥想5分钟看看。"

慧婉学着天使姐姐的口吻指导着张洋："轻轻闭上你的双眼，感受你的深长的呼吸。"

张洋装模作样地深呼吸，身体一探一缩的。"认真点！"慧婉纠正调皮的张洋。

张洋这才有所收敛，逐渐进入状态。本以为5分钟一眨眼就过去了，结果感觉时间过得好慢，张洋脑子里不是想着设定好的闹铃怎么还不响，就是想着慧婉刚才说的奇怪的三道门，一会儿又睁开眼睛瞅瞅慧婉。

慧婉觉察到了张洋的动静，赶紧说道："把全部注意力放在呼吸上，关注一呼一吸身体的感觉。"见张洋逐渐安静下来，慧婉还夸了句："很好，就是这样。"

这也是慧婉第一次尝试指导别人冥想，刚开始慧婉还担心自己做得不够好，脑子里也是一片混沌，各种各样的想法不断冒出来，好像总是有什么在搅动着她的心弦。后来她和张洋一起安静下来，渐渐进入状态，整个房间里从未如此安静，只听到两个人呼吸的声音。

预设的闹铃响了，张洋睁开眼睛后说：“哇，我觉得整个世界都亮了，呼吸顺不少，挺放松的。而且，我想到了未来和你在一起的情景，我是不是做得不对，不是说冥想的时候什么都不想吗？”

慧婉跟张洋解释了冥想有不同的种类后，暧昧地反问张洋：“你刚才说你想到了未来和我在一起的情景？”

张洋害羞地笑着说：“你在冥想前说梦想需要和我一起完成，我肯定是受影响了，哈哈哈。”听到这里，慧婉感叹潜意识的力量还真是强大，也不由自主地跟着张洋笑得前仰后合。

两个人就这样窝在沙发上边说边笑边打闹着，突然一阵手机铃声突兀地响起，是程锦打来的。慧婉纳闷，这么晚了程锦怎么还会打电话过来，肯定是有急事，于是赶紧接通了电话。

“龚利到现在还没回来，急死我了。”电话那头程锦上气不接下气，焦急地说道。

“程锦，别着急，慢慢说。”慧婉警觉地从沙发上坐起来，鞋都还没来得及穿就窜到地上。

“今天龚利说出去处理债务的事情，近期公司可能会有一笔大额款项进账，应该可以缓解家里债务的一时之急。他本来说处理完了公司的事，就去接孩子放学的，但放学时间都过了，学校老师给我打电话说，学校都快关门了也没人来接孩子，龚利都没告诉我一声，从那个时候他的电话就打不通了。我把孩子接回来后就继续联系他，打了十几个电话，现在都到半夜了，他还没回来。慧婉，我是不是该报警呢？”程锦越说语速越快。慧婉有预感，肯定不是什么好事，不能耽误。“我现在马上过去。”慧婉放下电话就急着去穿鞋。

“我送你过去吧。”张洋通过电话听筒，也大概意识到事情的紧急性。当两个人赶到的时候，程锦已经在院子里等候多时了，她看起来失去了往日的端庄和优雅，头发凌乱，面色苍白，穿着家居服，手里拉着两个满脸疑惑的孩子。

两个孩子见慧婉阿姨来了，一个箭步冲过去，热情地打着招呼，好像完全不知道发生了什么事。

没等慧婉开口，张洋先发制人地说：“你帮程锦看孩子，我去看看怎么回事。”慧婉拉着两个孩子进了房间，张罗着给他们讲故事，安抚他们先睡。她走进客厅的时候转身透过窗子，看到张洋一边听程锦讲事情的经过一边安慰她，没过几分钟，两个人一起开车离开了院子。

第27章

祸不单行：自我肯定

慧婉夜不能寐，眼睛看着熟睡中程锦的孩子，而脑子里全是各种各样的猜测。透入房间的光由暗渐渐变亮，似乎这三个人整宿都没回来。慧婉出门的时候因为着急忘记了带手机，一个晚上过去了一点儿信息都没有。她在半梦半醒中辗转反侧，索性从床上爬起来走去客厅，正在这个时候听见院子里停车的声音。透过窗帘的缝隙，慧婉看见张洋半搀半抱着眼睛哭肿得失去了模样的程锦，踉踉跄跄地走进来。

心胡乱地在胸膛里蹦跶，失去了往常的节奏，慧婉深深地吸了一口，赤脚跑到院子里。程锦一看见慧婉立即泣不成声，嘴里模模糊糊地说了一串陌生的名字，话音未落就瘫靠在慧婉肩膀上，一会儿神情恍惚地蹦出一句“我们要离婚了”，说着豆大的眼泪挂不住眼眶一滴一滴流下来。

张洋示意程锦先去休息，一边低声亲切地安慰“事情肯定会被解决的”，一边搀扶着程锦往屋里走。慧婉突然感觉自己凭空消失了，男朋友居然连一个字都没问她这一宿睡得怎么样、心情如何。看着张洋并肩带程锦进屋的场面，慧婉脑子里闪过了陈默和颜可欣在雨中踱步的背影，这让她不寒而栗，不知道是清晨的寒气还是什么让她的牙齿上下不停地打战。慧婉下意识地紧闭双眼告诫自己：“我一定是疯了，这不是真的。”然后，就快步上前从张洋手里夺过程锦的胳膊，酸溜溜地对张洋说：“你去睡会儿吧，我在这儿陪程锦。”语调里带着心意难平的阴阳怪气。

黎明时分，房间里的孩子们还在熟睡。程锦窝坐在客厅的沙发上，无力地倚着靠垫，依旧泪目，双手不时掩住面庞。慧婉倒了杯温水递给程锦。

程锦欲言又止，熬了一个晚上的她眼睛布满血丝，双唇因为干燥而裂出了几道口子，一双悲凉的眼睛无神地望向地面。不知过了多久，程锦咬着自己的下嘴唇，有气无力地说：“这么多年，说不爱就不爱了。”

慧婉关切地看着程锦，心里很难描述是什么滋味，竟说不出一句安慰的话。

“张洋带我先去了龚利两个同事的住处，折腾了半天才要到公司那笔应收账款的客户的联系方式。我老公这个人一向不服输，他认准的事就是头撞南墙也要硬上，真被我猜中了，他是上门讨债去了。为了讨债和几个客户出去喝酒划拳，人家拿他当猴耍，他喝得弥酊大醉，但什么都没讨来，连自己有家都忘了。”程锦越说越气，声音变得尖锐而绝望，好像在声讨自己被忽略、不再被爱的事实。

虽然没有完全听明白程锦在说什么，但慧婉在情绪上能够感同身受，她伸出手用力地拉住程锦的手臂，仿佛要以这种方式唤醒跌落情绪谷底的程锦。

程锦稍抬起头用略带幽怨的眼神看着慧婉说：“我实在气不过，没听他说两句就当着客户的面和他吵了一架。到底是家重要还是工作重要？到底是面子重要还是我重要？”说完把泪水模糊的脸埋在自己的手心里。

“张洋怎么没帮你把龚利拉回来啊，这些事应该回家解决！”显然慧婉把刚才对张洋“忽略”自己的责备硬拉到程锦的家事中来。

“酒吧里嘈杂得很，这两个男人不知道说了些什么。但龚利真不知好歹，觉得人家插手管家务事，还不打算回来了。有能耐他一辈子也别回来，没他也挺好。”程锦不知道哪里冒出来最后一句连自己都不相信会说出来的话。说完，程锦两眼直勾勾地盯向窗子的方向，过了许久，接着说：“两个人在一起久了，爱情也淡了。家里出事之后，龚利做什么事都不和我商量，一说话就会吵起来。他以前不是这样，这个家就快散了，真没想到我和他能走到今天这个地步。我是不是太可笑了？丢下两个孩子，去灯红酒绿的地方求自己老公回家。”

慧婉感觉程锦越说越离谱，就冷静地看着程锦劝道：“程锦，这不是事实，而可能是来自你的假设。如果我们内心充满恐惧和担心，那很多我们恐惧和担心的事情就会不断被强化，汇聚到我们身边。过度的担心就是诅咒。”

程锦一下子愣住了，问她该怎么办。慧婉一股脑儿地将潜意识、通往光明的三道门、吸引力法则的运作方式和自己的冥想经验讲给程锦听……

早上的阳光顺着窗子温暖地照进来，也照进了程锦的心里，她整个人平静下来，对慧婉说：“你说得对，这些都是我的假设。龚利有无数个不应该，但我怎么想能改变我自己的感觉，甚至影响事态的发展。你一定要教我冥想啊！”

慧婉点点说：“现在最要紧的是，趁孩子还没起来，你赶紧补补觉。”

程锦紧紧抱住慧婉，感激地说：“多亏了你和张洋，不然我真觉得自己这辈子带着两个孩子没盼头儿了。看来以前我对张洋是有偏见的，他真是个不错的小伙子。”

慧婉不知道自己是哪根筋出了问题，听程锦这样一说反倒觉得浑身不自在。她告别了程锦，说自己也要回家休息了。

自打从程锦那离开后，慧婉总感觉张洋有点不对劲儿，他经常避开自己接听程锦的电话，一直在讲关于房产抵押的事，虽然她知道张洋在帮程锦家里解决问题，但这还是打翻了慧婉心里的醋坛子。那个陈默和颜可欣在雨夜并肩的影像在她脑子里挥之不去，张洋刚挂断电话，慧婉立即愤愤地冒出一句：“你真爱管闲事啊，正好她现在缺男人。”张洋听后一惊，并没有说什么，只是看起来有点失望，在这之后的几天里两个人开始了冷战。

祸不单行，这几天线上小店的鼠尾草销量也在急剧下降。慧婉发现网络上已经开始出现仿品，眼看着小店就要资不抵债。她给Jason打电话商量对策，没想到Jason居然邀请慧婉来旧金山，和他的团队一起访问生产基地，重新设计防伪，对产品进行重组。

“旧金山，美国加州，好远啊。”慧婉看着地图心想。虽然有点心动，但现在去加州对她来说似乎不太现实，也绝非最好的时机：闺蜜家里乱成一团，自己又和男朋友吵架，小店经营状况下滑，账户里的存款仅够她支付往返的机票……忽然，慧婉脑子里冒出来一个念头，有钱多好，可以做很多事情。

自从上次和天使姐姐聊完，慧婉连续冥想有大概一周的时间了，虽然期间发生的事情让她感觉疲惫，但是她的头脑开始变得清晰。她仔细思考了天使姐姐留给她的作业——尝试通过四个步骤：清理、发愿、相信、接收，在生活中运用吸引力法则。经历一段时间的疗愈，慧婉对她的信念和过去对自己的影响看得更清楚了。她的目标也越来越清晰可见：做自己喜欢的事，收入源源不断，把那个和张洋惬意地在海边别墅生活的情景变成现实。想着想着她又觉得，应该把特定的张洋换成一个泛化的灵魂伴侣更好，这样她就不用给自己压力去调停和张洋之间的冷战了。而近期的目标应该是收拾好这堆烂摊子，从解决自己的财务状况开始，或许第一步就可以去趟加州，从根源上解决问题。

慧婉决定听听师兄Galan的建议。她把最近自己乱成一团的状况一五一十地讲了出来，也告诉Galan前两天刚和天使姐姐聊到吸引力法则，并透露了自己想去加州的念头。

Galan直截了当地问慧婉："你去加州的目的是什么？"

"未来，应该会对我的事业有帮助。"慧婉很快回答。

"未来？意味着这件事还没发生。"Galan暗示着慧婉换个想法。

可慧婉怎么也想不出，为难地说："对啊，未来就没发生啊。我这不是要去解决问题吗？"

"从你身上我看到了从前的自己。"Galan笑着说，"这是我们大多数人犯的错误。我在事业冲上顶峰的时候，天使姐姐真的帮了我大忙。她那个时候告诉我，想要吸引的任何人、事、物，都要预先在头脑中构想出来，然后才能在客观的现实中实现。大多数人因为看见而相信，只有极少数人因为相信而看见。"

“先改变自身的能量频率，再去吸引好事发生。”慧婉终于明白了吸引力法则的真谛，再结合最近自己的心得，慧婉补充道：“情绪就是最好的指示灯。”

Galan点点头说：“我情绪低落的时候，就会做自我肯定冥想，重复清理、发愿、相信、接收的步骤。”

“吸引力法则真的这么神吗？”慧婉半信半疑地问。

Galan笃定地说：“你去试试看，然后告诉我答案。”

当天晚上，慧婉按照Galan说的方法做了自我肯定冥想，心中一直默念：我是丰盛富足的，每一件事都完成得轻松如意……等她再睁开眼睛，看见桌子上熟悉的菩提手串，就像得到了一种肯定一样，慧婉毫不犹豫地预定了去往旧金山和返回上海的机票。

疗愈心语

在我们的大脑中，有860亿个神经元。我们在思考时，大脑中的神经元会各自伸出触手互相联结。神经元有轴突和树突两种突起，并通过电信号来实现神经元之间的信息传递。通过轴突传递的电信号，会被传递给下一个神经元的树突。轴突与树突相连的部分被称为突触。也就是说，神经元通过突触互相联结，在大脑中形成一张巨大的神经网络。

现代神经科学代表人埃里克·坎德尔（Eric Kandel）教授从科学的角度证明：记忆是以突触联结的方式储存的，并且大脑中既有积极的神经回路，也有消极的神经回路，而且这些回路可以自行增加。

通过大脑的任何语言和念头都是有能量的。在大部分时间里，我们并没有意识到这些思想的波动，但大脑告诉我们的一切，是我们形成现实经验的基础。大脑中的评论，影响着我们的情绪以及我们对生活中正在发生的一切的感受，正是这些思想形式最终吸引和创造了发生在我们身上的一切。而自我肯定可以帮助我们改善自我认知，和自己建立一个良好的关系。

自我肯定感高的人，对于生活中的各种痛苦和烦恼都能积极、轻松地应对，他的人生将会是一片坦途；而自我肯定感低的人，常常会陷入自寻烦恼和痛苦不堪的旋涡中，他的人生就成了一件“苦差事”。而抑郁症、惊恐症等心理疾病，其背后的深层原因正是自我肯定感低下。

当我们在内心说爱自己的时候，是否受到以下困扰。如果答案是肯定的（满足其中任何一条），那就是自我肯定感低下导致的。

1. 很难拒绝别人，充满恐惧，看别人脸色过日子（说不的能力）。

2. 哀己不幸，怒己不争，不知道怎样请求别人的帮助（请求的能力）。

3. 即便认为自己的想法是正确的，却也说不出口（维持和终止交谈的能力）。

4. 过于在意周围人的想法，压抑自己的情感，无法表达（表达正向和负向情感的能力）。

传统的心理训练只不过是把负面的能量清零，真正想要逾越“零”这个门槛，保持积极的正能量，其中的关键就是提高自我肯定感。

自我肯定就像是我们种在潜意识里的种子，让我们能够开始用一些更积极的思维模式来取代过去陈旧的、否定的思维模式。这是一种强有力的技巧，一种能在短时间里改变我们对生活的态度和期望的技巧。

其原理来自催眠疗法，也就是通过自我暗示，提高脑神经的可塑性，将其调整为更加积极的神经回路。这是一种运用脑科学来提高自我肯定感的有效方法。

肯定语的结构是：我+谓语动词+形容词，并且不加任何时间限制的词汇。在做自我肯定练习时有几点需要说明。

1. 用现在时态而不是将来时态进行肯定。不要说“我将得到一份自己喜欢的工作”，而要说“我有一份很了不起的工作”。这不是对自己撒谎，因为每一样东西都是首先在头脑中出现，然后才能在客观的现实中实现。

2. 用最积极的方式来进行肯定。在某些时候，否定性地进行肯定是有帮助的，尤其是在努力消除特殊的情绪障碍或坏习惯时。比如，“为了实现目标，我不应该紧张”。如果用积极的方式进行自我肯定，就应该用肯定语改变上面那番话的否定描述，即“我现在就很放松，并且思想集中，每一样事都可以轻松地完成”。

3. 肯定越简短，就越有效。

4. 选择那些对你完全适合的肯定。

5. 刚开始做自我肯定练习的时候，可能会有抵触情绪或者怀疑对自我的肯定，这些都是正常情况，随着练习不断深入，我们的感受会发生积极的变化并形成良性的循环。

6. 在进行肯定时，始终记住我们在创造新的事物，而不是试图取消或改变已存在的事物，否则就是抵抗存在，这将会带来冲突和挣扎。

7. 肯定并不意味着要做抵触式的努力，改变我们的感受或情绪。接受我们所有的情感是重要的，包括所谓“否定性”情感。在此同时，肯定会帮助我们创造一个面对生活的新观点，这将带给我们越来越多满意的经验。

8. 与其机械地肯定，不如努力获得那种你真正有能力创造这一现实的感觉。

实践练习

1. 自我肯定感是完全可以经过正确的方法后天培养的。我们知道，一个人信念具有强大的力量，信念不同的人，人生也必将不同。一个人的“执念”是可以被轻松放下的，人在思考时大脑中会不断产生新的神经元联结，因此当某种想法反复出现时，相应的突触联结会越来越强大，而出现频率不高的想法，其神经元联结会逐渐衰退。所以，我们需要做的就是构建连续存储积极情绪的突触联结。一旦这些突触联结足够多，大脑就会开始与新的信息相连。通过形成这种新的、积极的自动化流程，我们就可以清晰地感受到情绪上的差异。

以下是21天自我肯定计划的具体实践步骤。

第一步：列出肯定语。结合自己的情况写出至少5条合适的肯定语。

①找到自己的优点并加以肯定。

②针对理想中自己希望成为的样子加以肯定。

第二步：列出行动计划。针对自己希望成为的样子，列出新的、积极的行动计划。

第三步：执行。

①将写好的自我肯定语应用到冥想练习中，在冥想练习中重复默念自我肯定语至少20次，渗透到潜意识中并重新建立积

极的神经回路。

②执行新的、积极的行动计划。

第四步：阳性强化。针对已经实施的行为，立即给予自我“奖赏”，以建立良性循环。

认真填写下表，并在疗愈日记中记录21天的实践和感受变化。

自我肯定第一天				
	列出肯定语	**列出行动计划**	**执行**	**阳性强化**
举例	我做事有效率	完成年度报告	冥想+加班完成年度报告	看场新电影
第1条				
第2条				
第3条				
第4条				
第5条				

2. 扫码练习自我肯定冥想。

第28章

加州并不远：感恩日记

准备出行前，慧婉给张洋发了一条简单的临别信息。信息刚发出，张洋就打来电话。慧婉本不想接，但鬼使神差地还是按了绿色的接听按钮，两人寒暄了几句后，张洋似乎要继续说些什么，但慧婉找理由说自己在收拾东西，匆忙地要挂电话。

“我会等你的。”张洋在电话那边坚定地说。慧婉对这样的表达很陌生，但就在那一瞬间，她觉得自己似乎做错了什么。然而，慧婉依旧倔强地挂断电话，顺手把手机扔到了床头，她在心里不断告诫自己：现在还不是谈恋爱的最好时机，眼下最重要的是想办法拯救自己的前途。

慧婉谨慎地筹备着这次行程的线路和工作计划，心里像有十只水桶打水一样忐忑不安，久久不能清净。对她来说，这就是生命中的最后一搏。在忙碌的间隙，她脑子里总是冒出和张洋惬意地住在海边别墅里的画面，每每这个时候她总会因意识到这仅仅是一个幻想而已而感到惋惜，硬是把自己拉回到现实中来。慧婉内心清楚地看见，她在用断绝和张洋的沟通来惩罚自己，这种熟悉的感觉就像童年时爸爸对她的冷漠和疏忽一样。

在去往旧金山的途中，慧婉一个人拖拽着所有行李，搭乘的士、换登机牌、候机……和她从上海离开的时候一样。飞机好像飞了很久，在整个旅途中，慧婉都在思考爸爸在自己成长过程中的缺席对她性格的影响——焦虑、孤独、自卑、自控能力差，甚至具有攻击性、叛逆。虽然爸爸已经过世，然而这颗被伤害的种子，还是在她内心扎根并释放着邪恶的威力。慧婉听见了那个懦弱而无助的内在小孩，向她诉说着自己的委屈和渴望，也看见了自己过去每每这个时候，总是习惯性地把希望寄托在工作或者手头正在忙碌的事情上，这也解释了她在过去几段亲密关系中传递给别人的疏离感。想到这里，慧婉默念着她前几天写下的肯定语：

我有勇气面对生活中所有的挑战。

我有心想事成的能力。

我开放地接纳一切发生。

我值得被无条件地爱。

我每天拥有爱、美好、喜悦，因为我值得。

我被爱包围着，一切安好。

在练习自我肯定冥想的时候，慧婉还是会在脑海里产生很多疑问，虽然她感觉自己离上面写的这些肯定语还差十万八千里，但同时也安慰自己，内在的疗愈和成长需要时间，在生活中实践并不容易，而且她也看到了自己的成长。

半梦半醒间，飞机降落了。

旧金山和慧婉想象得并不一样。除了意料之中的宜人气候和每天的阳光，这里也有人头攒动的大街小巷，上下班时拥堵的交通，数不尽的中餐馆，和高得跟清迈相比简直是天壤之别的物价。

Jason 热情地款待了慧婉，他们并没有直接谈鼠尾草生意，而是计划着到处去看看玩玩。Jason 带慧婉去看了号称七大工程奇迹之一的单孔吊桥——金门大桥，他们一起在渔人码头看各式各样的街头表演、赏海景、看海豹，他们去唐人街探访华人同胞，还去了联合广场、九曲花街、旧金山艺术馆、魔鬼岛……这几天的活动让慧婉觉得非常精彩，也深刻体会到旅行的意义——看到更大的世界，认识更真实的自己，发现自己所拥有的温柔与力量，然后去创造。

在来加州之前，慧婉还没有想好打造怎样的产品线才能冲出市场重围，反而在Jason带她去了加州北部的鼠尾草种植基地之后有了灵感。她反思，当一个人开始选择对内心的渴望更加坚信的时候，这种强大的力量让一切皆有可能，很多以往那些不可能、否定自己的想法，其实都是给自己设置心理屏障。

对于产品设计，慧婉的灵感不断显现，她突然发现了世界的万事万物都有其独特的美和协调性，人们喜欢佩戴水晶增强能量，而鼠尾草不光可以清理场域和负面能量，还可以给水晶净化消磁，这俩不就是绝配嘛！慧婉把丰富产品线和附加新价值的点子告诉了Jason，Jason连连点头称赞。随后的几天他们和研发团队一起重新设计了一款水晶原石鼠尾草礼盒，他们预估这将会帮品牌扩大至少30%的消费群体。

时间在打造梦想的旅途中总是过得很快。慧婉在加州的最后一天，Jason说晚上要带她去一个自己主持的疗愈工作坊，慧婉愉快地答应了。

看来Jason在当地还是颇有名气的，虽然没有大幅的海报宣传，没有花哨的布置，但现场还是坐满了各种肤色的男女老少。刚开始大家热火朝天地聊着天，突然Jason进场了，带着那股熟悉的点燃鼠尾草的味道，他开始绕场给每一位到场的人净化能量场并送上祝福，这神圣的仪式感有很大震慑力，会场顿时安静下来。

“人，为什么会痛苦？”Jason刚坐稳就向到场的人发问。

“做了让自己痛苦的决定。”“做了错事情。”“失去了爱人。”……大家你一言我一语地说开了。

Jason闭上眼睛摇摇头，一副智者的模样。

“无法活在当下，伤感着过去，担心着未来。”慧婉坚定地回答，她被自己震惊到了，以前从来没有在众人面前发言的勇气，更何况是用蹩脚的英文。

Jason立即睁开眼睛肯定地看着慧婉，然后环顾全场人，缓缓地说：“如果说我们潜意识的信念来自过去，大多数生活中的担心来自未来，那只有一个时间点是真正属于我们的。”

“当下！”大家异口同声地接话道，慧婉像受到了某种激励般不停地点头。

“如果在每一个当下，我们怀着感恩的心态，将使我们经历的一切变得有所不同。想想，当你感谢一个人，感谢你所拥有的一切的时候，感受是怎样的？”Jason继续引导着。

“轻松的。”“温暖的。”“开放的。”……每个人都给出了积极的词汇。“被人伤害、遭遇背叛、至亲身亡、身无分文，我有什么好感恩的？”在场一个红头发看起来面目无神的女孩子大声问，全场顿时鸦雀无声，大家都把目光投向她。

“这不也是我们生活中的一部分吗？”Jason安慰着那个红头发女孩，继续说，“对于事件所赋予的意义是我们决定的。你可以停留在悲伤和负面情绪中，你也可以选择把视角放在收获上，感谢生命中这些痛苦的经历让你更强大。”

红头发女孩低下头，看起来仍沉浸在自己的痛苦中。

Jason并没有继续劝说，他走到场地中央把鼠尾草熏香放在地上，让所有人闭上眼睛和他一起冥想。在几次调息之后，Jason并没有说太多的引导语，而是一直在用不同的语气重复，并让每个人在内心对自己说“对不起”“请原谅”“谢谢你”“我爱你”……

慧婉的内在小孩也在冥想的过程中被唤醒，听到“对不起”的时候，她终于明白了在所有挣扎和痛苦中自己所扮演的角色，原本以为错都在别人，但现在她知道了需要对自己的思维、情绪和心态承担起一份责任。这句“对不起”在她的内心打开了一个崭新的空间，告诉她哪里还有待改进，也在为过往任何不负责的行为跟自己道歉。“请原谅”是在说：“我可以无条件地接纳自己，放下我执，勇敢面对自己的错误。”“谢谢你”表达感恩，同时认可自己、鼓励自己、善待自己，自己的内心温暖了才更有力量。“我爱你”戳中了内在小孩心底的那一抹温柔，其实，外在世界对我们的态度都是我们对自己的态度。懂得爱自己，才会爱别人。

此刻，慧婉的内在小孩笑得好甜。

就在Jason说缓慢睁开双眼的时候，慧婉有种流连忘返的感觉，鼻子一酸，眼角渗出些泪水。她斜过头，看见那个红头发女孩子哭得更是稀里哗啦。难道这就是冥想中的“黄金眼泪”？很多在场的人都擦着眼泪，似乎在释放内心的苦楚和慰藉自己的心灵。这种入定的感觉无法用语言描述。最后，大家都纷纷互相道谢。

活动结束的时候，Jason送给慧婉自己写的一本书作为他们合作新征程的开始，慧婉跟Jason分享了刚才自己冥想的心得。Jason会心一笑，说："好好享受书里的内容吧，这就是最好的感恩。"慧婉好像明白了点什么似的一直点头，原来感恩可以和享受联系在一起。

临别之时，慧婉问Jason怎样可以做得像他那么成功。Jason告诉慧婉，自己成功的秘密就是多年坚持写感恩日记，他也让慧婉试着按照他的步骤坚持写一段时间。最后，Jason还神秘地说："我有预感，你一定行！"

疗愈心语

每个人都在追寻快乐，然而在生活的磨砺中每个人背后都有不一样的心酸和无奈。那我们谈论的感恩和快乐之间究竟有着什么样的联系呢？大多数人会认为，当人快乐的时候自然就会心存感恩。但是请再仔细回想一下：为什么虽然我们已经拥有了令我们快乐的东西，但实际上我们内心并不快乐？更别提感恩了。因为，我们只能将快乐和外在的人、事、物联系起来，而欲望会让我们想要得到更多，这无法从根本上滋养我们的内心。

所以，并不是快乐让我们拥有感恩之心，而是感恩之心会让我们每一天的平凡生活变得快乐。

要知道，我们存在在这个世界上的每分每秒都是被给予的，我们的生命本身就是最有价值的拥有。我们在生命中每一刻的获得都是一个新的礼物，周而复始，如果错过了这个时刻的礼物，我们从来不会担心，因为在下一个时刻我们被给予的礼物还会准时出现。我们可以选择的是抓住机会感知这份给予和爱，还是错失这个机会。所以，通往快乐之门的钥匙，攥在我们自己手中。

但当我们习惯了生活中的一切，就很容易忽略日常的点点滴滴。怎么做呢？比如，我们可以试着在冰箱上贴上小贴纸，在每次打开冰箱门的时候提醒自己，里面的食物弥足珍贵，这种感觉会让我们心生欢喜。每天清晨醒来，眼睛看见的、耳朵听到的、嘴巴吃到的，只要留心发现、用心感知每一个精彩的、饱满的当下，我们就会在其中找到人生的意义。这样，我们才能敞开心扉，爱满自溢，在别人需要帮助的时候伸出援手，让喜悦加倍。

我们可能发现自己很难对伤害自己的人、不喜欢的人感恩，任何离别和丧失都会让我们感到万般痛苦，以及当身处逆境或低谷之中时，我们也很难去感恩。这时候，我们需要感谢每一个时刻背后所传递的意义和机会。我们生活中的一切经历都有意义，而赋予它什么样的意义是由自己定义的，同时也会产生相应的感受。

其实，伤害我们的人教给我们做人的道理，不喜欢的人教会我们接纳世间百态，离别和丧失让我们珍重每一段关系和每一个生命。即使当我们面临极其困难的问题和挑战，心存恐惧时，也要知道这背后其实隐藏着让我们成长的巨大机会。约翰·邓普顿曾说过，要克服恐惧，最好的办法就是有一颗感恩的心。感恩会让我们感受到满足，而不是匮乏，由此我们会更专注于创造和分享，这样就会吸引来更多与之同频的人、事、物到我们的生活中。

我们给出去的，就是我们会得到的。如果一边索取，一边对无论金钱、关系还是梦想毫无感觉，那么我们的索取也终将被剥夺。吸引力法则告诉我们：同频共振，同质相吸。大量科学研究也表明，心怀感恩可以缓解抑郁、焦虑症状，提升积极情绪和自信心，提高工作效率，改善人际关系。

写感恩日记也是管理自己潜意识的过程。通过对日常生活点点滴滴的感恩，感受自己富足的状态，我们的能量频率也会保持在一个较高的水平上。

换一个视角，把感恩理解成享受生活的一部分。享受是对存在的认同，是对拥有的肯定，是对出现的尊重，是对福报的珍惜。享受我们一直不愿见到的人、事、物，欢迎他们的到来，理解他们的出现，知道他们是自然的也是必然的，他们与那些我们喜欢的人、事、物一样，都是生命的构成，所以要学会全部笑纳。

通过练习来培养感恩之心，我们的内在小孩会有必经的几个阶段：

1. 提醒自己拥有感恩之心。也就是在还无法做到真正感恩的时候，帮助自己建立这样的觉知，觉察无法感恩的原因。

2. 学会转换思维，纠正错误认知。

3. 用心生活，留心观察，在培养感恩的练习期间，最有效的一个工具就是在冥想中感恩，把它变成内在力量的一部分。

实践练习

1. 按照如下具体步骤，在未来的21天开始写感恩日记，并记录你的感受变化。

第一步：准备工作。准备好一个特定的感恩日记本，也可以用你的疗愈日记本，每天在固定的时间记录。

第二步：感恩对象。感恩一个具体的对象，描述当时的情况是怎样的，你得到了怎样的帮助，你为何感恩等。

第三步：描述变化。在这个具体的对象帮助你之后，你都发生了哪些变化，记录你前后的改变。

第四步：行动和承诺。你决定/计划要做什么，以及你给自己的未来怎样的承诺。

2. 扫码练习感恩冥想。

第29章

涅槃重生：习得性无助的免疫

慧婉依依不舍地结束了美国之行，她打算在去杭州商务部之前在上海停留一天。飞往上海的路上，她一边闻着菩提手串的香气，一边开始写感恩日记。

在我最低落迷茫的时候，遇见了天使姐姐，她应该是我人生中最应该感激的人，她是我的生命导师，帮助我完成了心灵的“救赎”，给了我一次新的生命。

我的初始生命，是受潜意识支配的人生。受父母教养方式和破裂的婚姻影响，我在感情中脆弱不堪，无法找到自我，常常觉得不配得到美好的爱情，把陈默给的一点点温暖当成爱，反而情路坎坷，求而不得。但我仍旧感恩陈默，感恩颜可欣，感恩我的所有同事，因为他们让我遇见了越挫越勇的自己，给了我探索自我的机遇。我也感恩父母给了我生命，我知道他们已经在用最好的方式爱着我，我也开始不怪他们了。

我的第二次生命，是我可以选择我是谁的人生。这是我持续练习冥想的第22天，我也开始写感恩日记，我才懂得有觉知的生活是多么重要，它是解决生活中几乎所有问题的入口。自从我开始关照自己的内在小孩，过去的伤痛就像融化的寒冰从我的心口流出，每次哭泣都会让自己的爱流动，捂化过去的寒冰。我开始关照自己的身体感受、健康和心理成长，我会一直陪伴我的内在小孩，无条件地接纳她，给她爱，她现在是个内心喜悦的小孩。

感恩遇见Galan和Jason，我做起了自己喜欢的事情。我的内心越来越坚定，我越来越感觉到一股由内而外的生命力正在强大，相信有一天我会帮助程锦一家渡过难关。我决定先把自己的生意做起来，对此我非常有信心。感恩我拥有的一切。

搁笔之后，慧婉才发现，字里行间中唯独没有对张洋的感恩。如果像Jason说的，应该把感恩和享受联系在一起，那就目前她和张洋之间的关系，真的离感恩还差一大步呢！恋爱初期的甜蜜一扫而光，慧婉想把张洋“占为己有”的感受像玫瑰身上的刺，当玫瑰为爱情哭泣时，它身上的刺就扎向自己。自己越在乎，爱情中的软弱和无助就表现得越强烈。慧婉本来想这次的短暂离别能让两个人的关系得以喘息，自己也可以更理智地面对发生的一切，但她的情绪里总是掺着一点难过。

慧婉内心深处有个疑问的声音在诉说：“我知道我怕失去，我看见了这种情绪，然后让它流动，但这样还是无法让我快乐。莫非天使姐姐说的第三道门后的光明，不是想象中的幸福和快乐？”

上海的一切既熟悉又陌生，慧婉觉得自己再也不是以前那个迷茫软弱的刘慧婉了，虽然还有个谜团，但她的内心多了一份坚定。

到上海的当天，慧婉就去拜访了天使姐姐，并把一套自己设计的鼠尾草礼盒送给了她。寒暄几句后，慧婉给天使姐姐讲了自己去加州的所见所闻，讲了自己那段剪不断理还乱的感情和在即将变成穷光蛋之际做的决定。慧婉迫不及待地问：“姐姐，你之前说的穿过那三道门之后的光明，难道不是幸福和快乐吗？”

“哦？谁告诉你的？”天使姐姐好奇地问。

“这不显而易见的吗？人人都想过得幸福和快乐啊。”慧婉说。

“这是我们人生的唯一目标吗？”天使姐姐追问。

“目标倒是有很多，但是变富变美、爱情甜蜜、家庭幸福、快快乐乐，人生在世不都是图这些吗？”慧婉觉得自己已经解释得够清楚了。

“你觉得什么才是人生的真相呢？”天使姐姐问。

“人生的真相……”慧婉迟疑了一下，人的一生，生不带来，死不带去。“人生应该就是一种体验吧。”慧婉接着说道。

“如果是一种体验，快乐的体验也只是其中一种，对吗？”天使姐姐朝慧婉点点头，“允许一切发生。一个人的觉醒才是所谓的光明，就是明白了宇宙的运行规律和人生的真相。不被自己头脑中的一套程序和社会准则限制与约束，打开身心，无论生活如何对待你，你都一如既往地爱生活。”

慧婉摇摇头，无奈地笑着说："那我不是比生活更大度吗？"

慧婉的回答让天使姐姐扑哧笑出声来："宇宙从来不会对任何人吝啬，只要你准备好了。"

"我只是有点担心，爱情是我的宿命。"话音未落，慧婉就想起以前天使姐姐讲的宿命论和那句"担心就是对自己的诅咒"，马上唉声叹气起来，"每次爱上一个人，我就觉得自己掉入了一个不开心的陷阱里，爬也爬不出来。我是不是在爱情里永远都好不起来了？"

"爱一个人没有错。关键是你没有在掉入陷阱之前从自己设定的牢笼里逃出来，从**习得性无助**中解脱。"天使姐姐认真地说，然后给慧婉讲了一则关于在狗笼里做电击实验的故事。

习得性无助是美国心理学家塞利格曼1967年在研究动物时提出的，他起初把狗关在笼子中，每次蜂音器响起来时，就给狗施加难以忍受的电击，狗被关在笼子里无法逃避电击，只能在笼中惊恐地哀叫。多次实验后，只要蜂音器一响，狗就趴在地上惊恐地哀叫。后来实验者在电击前，把笼门打开，此刻狗不但不逃，而且不等电击出现，就倒地颤抖和呻吟。

杨颖和刘昌友在《教育综合知识与能力训练》里说：当个体习惯于将自己的失败归因于内部的、稳定的、不可控的因素（如能力低或智力低）时，就可能形成习得性无助。当人类产生习得性无助感时，他们通常会从以下三个角度来处理问题：从个人（Personal）角度，他们也许会将自己投射到问题上，换句话说，倾向于针对问题来内化自己；从普及（Pervasive）角度，他们也许会认为问题影响了生活中的每个层面；从永恒（Permanent）角度，他们也许会认为问题是不可能被改变的。

慧婉意识到这种“惯性”的力量有多可怕，立即警觉起来，她急切地对天使姐姐说：“我不能破罐子破摔，我要主动点。不瞒姐姐，我真希望和张洋能有个好结果，以前在聊吸引力法则的时候，我已经把和他在一起的未来写进梦想清单里了。那我怎么才能对这种习得性无助免疫呢？”

“结果固然重要，但过程也一样重要。”天使姐姐提醒说，“每次遇到让你感受不好的事情时，直接找到导致这个情绪的原因，检查自己的认知。”

慧婉点头认可说：“我记得，转念。”

天使姐姐接着说：“除了关注过程、及时转念，对习得性无助免疫还有一点，就是我们刚才提到的第三道门后的光明。精神的满足让人找到更多的价值感，所以对生活和生命意义的探寻是人类最基本的精神需要。”

“不是追求快乐，是追求体验。不是追求完满，是追求意义。”慧婉对自己的新发现感到自豪。

天使姐姐拍了拍慧婉的肩膀肯定地说：“太对了。就是让你所受的苦不白受，给过去一个出口。每次在生活中遭遇不顺时都问问自己，老天让你承受这些都有什么意义？和自己来场头脑风暴，想清楚了才能不背负它们来阻碍你。”

慧婉豁然开朗：“嗯，最重要的是我对发生在自己生活中的定义和态度，一切都是最好的安排。”

天使姐姐语重心长地说：“现在是时候做选择了，过你内心渴望的生活。”

那幅和张洋在一起的温馨画面又在慧婉的脑海里出现，她左手扶在心口，感受到此时此刻她和自己的内在小孩和解了，她眉开眼笑，带着必胜的气势说：“我的内在小孩是平静的。我们目标明确，像已经拥有了那样的生活一样去生活，对过去、当下和未来都充满感恩，我们已经准备好了去创造。谢谢姐姐。”

天使姐姐会心地点点头，转身点燃了慧婉送给她的鼠尾草，那一抹鼠尾草的香气在空气中久久不散。慧婉不舍地告别了天使姐姐，随身携带着一本厚厚的疗愈日记，她想：“说不定这些内容，可以帮助到更多和我一样曾经低落、迷茫的人。”

疗愈心语

在自我疗愈的心路历程中，情况可能会反复出现，不用担心，这些都是正常的。每次我们只需要回归自己，看到自己的内在小孩，甚至可以有规律地每周每天都去探望和照看一下那个曾经哭泣、孤独的小孩，给他足够的支持、关注和爱护，让内在小孩的需求得以释放，重新找到自己的内在力量。

我们重温一下和内在小孩对话的过程：首先在平稳的坐姿中让身体安静下来，内心也跟着平静下来；然后将注意力引入到标的物上，这个标的物可以是你的呼吸，也可以是一个凝视点，具体的冥想技巧在前文有详细介绍。当自我觉察开始时，便可以和内在小孩沟通了。

具体沟通流程是这样的：询问感受和产生接纳→找到引发事件→观察自己的应激反应→看到自己的信念模式→改写信念，调整感受。

我们可以根据自己的具体经历和过往事件填充内容，但最重要的内容是，在交流中需要具备7个关键认知模式。

1. 认清事实，不批判。无论内在小孩的感受如何，我们需要做的是耐心觉察，生出更好的明辨心。

2. 开放式的耐心。这并不容易。因为每当找不到答案时，内心就会非常焦灼，难免“病急乱投医”。其实，答案就在我们的内心。看见自己的成长，看见内心那个受伤的小孩，当他再次跌倒时，给他足够的耐心和关怀让他勇敢站起来。

3. 保持疗愈的初心。想要被疗愈的背后隐藏着想要重新成长的生命力量。过往我们常常被二元对立的思维习惯困惑，任何二元对立都会在我们的内心种下矛盾的种子，有人让我们愉悦，就会有人让我们痛苦，而对立面其实是我们自己创造出来的。矛盾最终升级为冲突，就会让我们活在挣扎的边缘。如果保持一个疗愈的初心，理解我们受困于欲望，不去谴责它，按照自己本来的面目面对内在小孩，洞悉自己的真实模样，才会让生命绽放美丽。

4. 相信自己。相信自己不光是一种感觉，也是一种能力。在自己情感的维度上建立一种最基本的信任，也就是相信自己可以给内在小孩足够的力量。当越深入地了解内在小孩，我们就会越深刻和全面地认知自己，分析自己的优劣，找到并发挥自己的潜能，在每一小步的成功中建立信心。

5. 无为而为。在追求目标的过程中会出现各种批判，反而会削弱冥想练习的效果。纠结结果，就是我们常说的执念。我们必须在这样的状态中放下，当真正找到了无为而为的感受时，冥想的疗愈效果就自然达成了。

6. 自我接纳。真正地接纳并不意味着要强迫自己去喜欢一切事物，或者对身边的人都必须采取被动的态度，放弃原有的价值观和原则，也不意味着必须对某些事物满意或者忍受，接纳是欣然地允许一切发生，一切都是最好的安排。

7. 放下。这也是我们在心灵成长的疗愈中要追求的最高境界。在前文提到的空性，即心中无一物，豁达从容，爱恨随缘，顺其自然的心态。学会了接纳，放下便是顺其自然的事。因为你会看到当你内心去用力抓住或者使劲儿推开什么的时候，都会让自己受伤，时刻提醒自己要有目的地去放下那些冲动，并且看看这样做会发生什么。

这7个关键认知模式会随着时间的推移深植于心，慢慢地，奇妙的事情就会发生，我们会越来越感恩所有的遭遇和拥有，内心深处会滋生出慈悲和爱。

自我疗愈的过程不仅会帮助我们缓解压力，释放负面能量，超越自我评判和恐惧，唤醒洞察力和内在智慧，而且会让我们看待问题的视角更开放和清晰，联结内在的本自具足，得以身心灵合一，获得真正的自由。

实践练习

1. 在任何需要的时候，都可以用冥想疗愈的方式，按照内在小孩对话的方法和7个关键认知模式在生活中实践练习。

2. 扫码练习爱和慈悲冥想。

第30章

第二人生：闭上眼睛，才会看见

离开上海坐高铁去杭州的途中，慧婉脑海里一直回荡着天使姐姐的那句“现在是时候做选择了”。看着眼前拥堵的交通、人满为患的站台和手里上海到杭州的高铁票，慧婉心想：生活的浪潮将人们推向不同的方向，而又有多少人真正做了选择，奔向内心真正渴望的目的地呢？曾经的她，幻想着陈默能回心转意，背后却是内心对缺爱的上瘾和百般讨好；曾经的她，在大城市里有着看似风光的工作，背后却是无法离弃的无奈和别无选择。其实每个人都是有选择的，这样的选择不受过去影响，不受任何人和环境影响，完全遵从内心的渴望。只有先找到自己，改变自己，跟自己的内在小孩和解，达到身心灵合一，同频的人、事、物才会被吸引到自己的生活中。

慧婉“斗志昂扬”地踏上开往杭州的高铁，重复着这几天冥想时的肯定语：

我有勇气面对生活中所有的挑战。

我有心想事成的能力。

我开放地接纳一切发生。

我值得无条件地被爱。

我每天拥有爱、美好、喜悦，因为我值得。

我被爱包围着，一切安好。

虽然心里对这次市场投入的反馈完全没底，但慧婉已经和过去不一样，内心有股坚定的力量正在滋长。她和杭州的运营团队开了一上午的会，重新设定了目标客户群，调整了市场方案，还把自己精心设计的礼盒做了广告投放……新产品上线一切准备就绪，慧婉这才放心地买了一张回清迈的机票，这花光了她口袋里的最后一分钱。

飞机刚落地，慧婉就拨通了程锦的电话报平安，她早已经习惯把程锦当成家人，虽然心里还是有点疙瘩，但她希望能通过主动沟通铲除误会。

“你总算回来了！”程锦略带埋怨地说，“怎么没早点说让我来接机呢。”

“你和龚利，还有孩子们，都好吗？”慧婉关切地问，虽然她很怕听到他们无法还清贷款，最终不得不用房子抵债的消息，但她马上转念停止了这种消极的想法。

“上次你教我如何调整心态，真是太有用了。而且，张洋很帮忙，如果没有你们两个，我真的不知道怎么活下去……”

慧婉不敢再继续听下去，担心程锦会说出一些他们私下交情很好的话，或者什么她不愿意面对的事实。

“等你落好脚，我得好好请你们小两口吃一顿。”程锦爽快地说。

慧婉一愣，听起来程锦并不知道自己和张洋因为他俩过分“亲近”这件事闹别扭，而且事情有可能并不是自己心里想的那样，莫非都是自己的内心戏？

忙活几天后，杭州运营团队报来好消息，新产品的浏览量持续飙升，点击排名不断靠前，购买量也有所增加。这让慧婉兴奋不已，心想终于有回报了。她想立即把这个好消息与张洋分享，但迟疑了一下，终究选择拨通了师兄Galan的电话，正好这几天她冒出一个生意上的灵感想跟Galan说说。

慧婉跟Galan讲了自己美国之行的见闻和Jason的热情款待，还有回上海和天使姐姐的会面，以及她新的市场扩展计划。

Galan听得入神，真心为慧婉感到高兴，他说："慧婉，你变了。你和我当初认识的那个充满疑问的小姑娘不一样了。"

"可能是去加州海滩晒黑了吧。"慧婉调皮地说。

Galan找到了一个合适的词："不是，是语气变了，你的语气里有了一份坚定。"

"是的，到了我该做选择的时候了。我要确保自己当下的每一个选择都和我的内心渴望是对应的。日积月累，积少成多，终有一天，我能过上自己想要的生活。"慧婉认真地回答。

慧婉觉得，自己是冥想疗愈体系最大的受益者，还有很多像她一样在大城市中低落迷茫、找不到方向的年轻人，她应该身体力行地用科学的疗愈方法帮助他们。她希望能邀请天使姐姐、Galan一起在国内开巡回工作坊，也让神奇的鼠尾草深入到每一个需要它的人家。Galan被慧婉的笃定打动了，他们一拍即合，Galan也答应会调动自己国内的资源帮助慧婉。

第二天，慧婉应邀来到了程锦家，程锦很惊讶张洋没有跟着一起来。桌子上摆满了丰盛的饭菜，看样子程锦是格外用心地下厨了，龚利也一直在旁边帮忙。看着两个人忙碌的背影和跑来跑去的孩子们，慧婉真替他们高兴，他们又找到了模范夫妻该有的样子。

吃饭的时候龚利神色凝重地说："发生了这么多事，多亏了张洋，拜托他远在国内的父亲托关系给了我们抵押政策上的通融。我多年在外打拼劳顿，从来没有靠过任何人，出了事还得是自己的同胞出手相救。"龚利脸上挂满了看似经历了几辈子磨难的沧桑，眼眶充盈着感激的泪花。

程锦在旁边连连点头说："真的是多亏了你和张洋，龚利公司的资金也开始慢慢回笼了。我们这一大家子终于不用担心睡大街了。哎！"边说边转头看向龚利，四目相对，龚利羞愧地低下了头。程锦追问慧婉："真的，你要不要打个电话给张洋，叫他一起来吃顿饭？"

慧婉心里有一个声音对她说："等等，这太难为情了。"而另一个更强大的声音又告诉她："跟随你的心。"她连忙放下手里的筷子，拿起手机镇定自若地拨通了张洋的电话号码。张洋听到慧婉的声音显得格外开心，他说自己在外面和朋友谈事情，这次去不成了，下次一定补上。

挂断电话，慧婉很失落，以往张洋都会主动约自己，而这次他不但拒绝了自己的邀请，而且时间这么久了，竟然连见面的话都只字未提。不过，慧婉在内心安慰自己，他肯定在忙。

回到家，慧婉闭上眼睛，手指顺次盘捏着菩提手串，脑子里又出现那幅和张洋共建梦寐以求生活的画面。内心的感受，闭上眼睛才能看见。她觉得自己欠张洋一个道歉，于是不知道从哪来的勇气给张洋发了一条没头没尾的信息："对不起，请原谅，谢谢你，我爱你。"

没过一分钟，张洋的电话马上打过来了。这通电话他们聊了很久，彼此倾诉了思念之情，同时分享了没见面的这段时间里他们各自的经历，一直聊到午夜。

…………

5年后，一个阳光明媚的周六下午，慧婉陪着两个宝宝在芭堤雅海边别墅的泳池里玩耍，张洋穿着人字拖在院子里浇花。门铃响了，是程锦一家从清迈前来探望。互相问候后，慧婉拿出了自己刚刚出版的新书，并给她们讲了自己刚在国内组建了千人心理互助社群，每个社群都在当地实实在在地帮助人们解决一些情感问题，而Lukikivi鼠尾草早已在国内小有名气……两家八口人一直从天亮热闹到夜幕低垂。

临睡前，张洋抱着慧婉半睡半醒地说着自己对未来的一些担心，慧婉吻了下浅浅入睡中张洋的额头，并轻抚着腕上的菩提手串，心里想："当下，是唯一真实的存在。闭上眼睛，才能看见，答案其实就在我们心里。"